《猪经大全》注解

刘娟 ◎ 主编

中国农业出版社
北京

《猪经大全》注解 编写人员

主　编　刘　娟

参　编　闫志强　朱文彦　罗艺晨

　　　　陈春林　朱买勋

审　稿　郑继方

前　言

　　中兽医学是中华民族的重要宝藏，这门累积数千年临床经验，自成独特体系的学科，诚乃维系我国过往畜牧业发展命脉与未来发展之所在。

　　《猪经大全》系 1956 年在贵州省发掘的一部中兽医古籍，由遵义市枫香区中兽医诊所兽医彭遂才献出，以后又陆续在桐梓县杨绍钦处发现合川云门镇刘双合书店印的《增补猪经大全》、瓮安县中兽医张显芳珍藏本，经贵州省兽医实验室整理点校以手抄本形式于 1960 年影印出版，1959 年 10 月北京农业大学于船教授为该书作序。

　　《猪经大全》作者姓名已佚，成书年代不详，但据遵义彭藏本有"壬辰年六月李德华、李时华敬录"推测，本书至少在清光绪十八年即 1892 年以前刊印发行，是中国传统兽医学古籍中现存唯一以论治猪病为主的著作。该书正文对 50 个猪病提出了治法，并附图。其附录部分有：遵义彭藏本《猪经大全增补部分》"壬辰年六月李德华、李时华敬录""太医院李老师玉生增方敬录"，桐梓县杨藏本合川云门镇刘双合书店《增补猪经大全》附方摘要。

　　由于各方面的原因，中兽医药研究以及应用逐渐减少。在北京举行的"2012 中兽医药发展高层论坛"上，中国工程院院士夏咸柱强烈呼吁："传统中兽医药学是我国的宝库，一定要继承和发扬下去。"夏咸柱院士认为，在食品安全问题日益严重的今天，传统的中兽医药能有效减少动物食品中的兽药残留，保障养殖业的健康发展和食品安全。

2013 年，国家启动了科技基础专项"传统中兽医抢救与整理"。我们在项目首席专家——中国农业科学院兰州畜牧与兽药研究所杨志强所长带领下，开展了"西南区传统中兽医抢救与整理"，进行中兽医书籍资料收集、老中兽医访谈，中兽药品种调研、标本制作、炮制技术等工作。

在这个过程中进一步对《猪经大全》进行收集整理与应用情况调研，发现许多人对中兽医古籍中的字词句，尤其是专业词语不理解，影响其应用。作为国家生猪技术创新中心中兽医药创新团队成员，理应使用中兽医药更好地为养猪行业服务，我们讨论后决定将唯一一本专论猪病的中兽医古籍《猪经大全》（农业出版社 1960 年出版，书号 16144.898）进行字词句注解、病因病机分析、治法、方解、用法，并注明所用药物性能与现代研究概要，以期让中兽医学习者了解、应用于临床，借鉴其在猪病防治有效的基础上，去发掘、开发、应用中兽医药，为现代猪病防治提供帮助。由于不同地区对临床病名、中药材叫法不一样，理解不一致，有注解不当之处，请同仁们批评指正。原书中有些字词使用不当，本书秉承原貌呈现的原则予以保留，但做了必要的说明。本书的出版得到了科技基础专项"传统中兽医抢救与整理"的支持，特此感谢。

西南大学　刘　娟

2022 年 10 月

重印《猪经大全》记

　　中兽医有数千年悠久的历史，有丰富的学术内容，是我们祖先长期实践中发展起来的，我国特有的一门医学科学，是我国珍贵的文化遗产之一。其中如《司牧安骥集》《元亨疗马集》等，都是我国古代兽医经典著作，特别是《元亨疗马集》，流传至今已三百多年，现仍为广大中兽医视为必读书籍，其立法处方仍广泛应用于兽医临床上，较大程度地减少了家畜的死亡，对于畜牧生产起到一定的作用。过去由于兽医受到压迫歧视，中兽医书籍除少数基本经典外，余均散失，许多宝贵经验逐渐失传。在党和人民政府的关怀下，在整理祖国兽医学遗产和学习总结中兽医经验方面已经做出了不少成绩。《元亨疗马集》已由专家校订，重印问世。至于中兽医秘方、验方、汇编等，则如雨后春笋般陆续出现，这是我国兽医科学上的新气象，对于促进中西医合流、丰富我国现代兽医科学的内容，有重大的意义。

　　1956年，我们发现遵义市枫香区中兽医诊所彭遂才同志珍藏有古本《猪经大全》一书，目前在国内尚不多见，文献上我们还未见有关书籍的记载，因此引起我们的重视，计划加以校对重印。唯原书系木刻本，间有错字，制图亦较粗劣，无作者及出版年代可考，当时又无其他版本对照，所以迟迟未着手进行。以后在桐梓县杨绍钦同志处，又发现合川云门镇刘双合书店印的《增补猪经大全》一书，最近瓮安县中兽医张显芳同志又献出了《猪经大全》一册，经我们对照之后，发现三本书除猪经大全序及疗方制图基本相同外，均互有错字，遵义彭藏本，在正文前面有"壬辰年六月李德华、李时华敬录猪牛时病方"及简短序言，及太医院李老师玉生增方部分。桐梓杨藏本附刻有牛马猪鸡病方。瓮安张藏本则只有正文。可以证明本书不只是一种版本，而是经过多处辗转翻印。仅从遵义彭藏本有"壬辰年六月李德华、李时华敬录"一点推测，本书至少是清光绪十八年以前的著作，在民间流传至少有六十年以上，在尚未发现其他有关猪病方面的中兽医古籍的今天，实为一珍贵资料。

最近，我们在省委"鼓足干劲，大战八九月，做出更多的成绩，庆祝建国十周年大庆"的号召下，特将本书做了一次校对，重新刊出，以供兽医同志们参考。原书由于印刷质量较差，制图过粗，所以仿照原图意进行了重绘。为了突出主题，对遵义彭藏本李德华、李时华敬录时方等，由正文前面移于文后，特此说明。

贵州省兽医实验室

1959 年 9 月 10 日

目　录

序

【原序】

溯书之论豚彘，以供养老之用。故二母彘勿失其时。猪虽微物，岂不足重哉。乃有大志者，好高远，喜尊贵，卑视医为小道，遑问不伦于人之物哉。故无人学兽医久矣。一旦有豕白蹢，饮啄不遂，立视其死而不救，将大人爱物之道奚在，又念懋德而鸟兽咸若，歌化而驺虞致叹，今之爱物一书，此人生握豢养之术，使物之阜而无灾，快何如矣。是为序。

【词解】

豚彘：豚，音 tún，本义指小猪，泛指猪；彘，音 zhì，本义指野猪，引申指大猪、母猪。

养：此处指养猪供食用。

时：此处指母猪配种时间。

小道：儒家对儒学以外学说、技艺的贬称。

遑：通"惶"。指恐惧、不安的样子。

蹢：一为名词，音 dí，指兽蹄。一为动词，音 zhí，通"躑"，指徘徊。

饮啄：即饮水啄食，引申为吃喝、生活，此处饮啄不遂指食欲不佳。

懋德：指大德、盛德。

咸若：指万物皆能顺其性，应其时，得其宜。

驺虞：是古代汉族神话传说中的仁兽，虎身狮头、白毛黑纹、尾巴很长，生性仁慈，连青草也不忍践踏，不是自然死亡的生物不吃。

阜：本义为物资丰富，此处指猪多。

【译文】

追溯书上有关猪的文字记录，猪主要是用来养大供人们食用的。所以饲养母猪，不要错过它们繁殖的时机。猪虽然是微不足道的家畜，但对人们生活非常重要。然而一些自以为有大志向的、好高骛远、喜欢论地位高贵的人，将兽医视为小技艺，因此很久没有人愿意学习兽医知识了。一旦有猪行走蹒跚，饮食困难，马上将它视为死证而不去救治，自然界中众生平等的道理在哪里？又念及兽医勉行大德，使鸟兽都可以顺随它们的天性而享尽天年，可比喻为天子囿中掌管鸟兽的官员。今我有一本爱书《猪经大全》，著书的人掌握饲养动物的技术，使养猪多而减少损失，多么称心如意的事啊。故写此为序。

猪 发 瘟 症

【原文】

猪发瘟症

治法　北细辛一钱、牙皂一钱、雄黄一钱、花椒一钱，为末灌下。公猪以吹左鼻，母猪以吹右鼻。

【词解】

发：即产生、发生。

瘟：指瘟疫、瘟病、瘟疹。瘟病是指带有体温升高的流行性传染病。

症：病症、症状、症候。在此意为疾病的临床表现情况。

公猪吹左鼻，母猪吹右鼻：中兽医阴阳学说认为，左为阳，右为阴，又公（雄）为阳，母（雌）为阴，故公取左，母取右，同声相应，同气相求，此阴阳之理也。

吹鼻法：将药用口或小管或喷粉器吹入鼻腔。一方面中医认为，鼻与五脏六腑及经脉都有着密切的联系，如《素问·五脏别论篇》："五气入鼻，藏于心肺，心肺有病，而鼻为之不利也。"《理瀹骈文》："纳鼻而传十二经，鼻在面中，主一身之血运，而鼻孔为肺之窍，其气上通于脑，下行于肺。鼻为任督会合处，诸经聚集之处气血运行尤为旺盛，脏腑气血的变化，均可反应于鼻。"这种密切的关系是中药经鼻给药治疗全身疾病的重要依据。另一方面，用吹药器将药末吹入鼻腔取嚏。是通过对鼻腔加以刺激，使之连续不断地打喷嚏，从而达到祛除病邪治疗疾病的一种方法。清代外治宗师吴尚先（吴师机）认为："上焦之病，以药研细末，搐鼻取嚏发汗为第一捷法。"嚏法的基本作用是："嚏法，开也，在上在表者也，可以宣发阴阳之气也"；"嚏法，达之、发之、泻之，可以解木、火、金之郁"；"嚏法，泻肺者也"；"连嚏数十次，则腠理自松，即解肌也。涕泪痰涎并出，胸中闷恶亦宽，即吐法也。盖一嚏实兼汗、吐二法"；"纳鼻而传十二经"；"嚏可以散表……嚏亦可和里"，不仅"凡欲升者，皆可以嚏法升之"，而且亦可"上取而治下"。

【病因病机】

猪发瘟症是猪感受四时不正的外邪所引起的多种急性热病。主要临床表现为：初起恶寒、发热、呕逆，若为感受疫疠之气亦具流行性、传染性，若不及时救治，死亡率高。其病机为外感疫毒，机体正气充足与邪气相搏于表，故初起恶寒、发热；瘟疫病毒，秽浊蕴积于内，气机壅滞，机体调动机体正气向上抗邪，故见呕逆等症状；疫邪日久，化热入里，故见但热而不恶寒，昼夜发热，脉数等症状。

【治则】

疏风解表，解毒开窍。

【方解】

方中北细辛祛风散寒、开窍，挥发油气味刺鼻，引发喷嚏，为主药；牙皂辛窜行散温通、祛痰开窍为辅药；雄黄解毒杀虫，燥湿祛痰、截疟；花椒温中行气、散寒除湿、止痛为佐使药。诸药合用，共奏疏风解表、解毒开窍之功。

【药物性能与现代研究】

北细辛 为马兜铃科植物北细辛、汉城细辛、华细辛的干燥根和根茎。性味辛，温。归心、肺、肾经。具有祛风散寒、行水开窍之功。用治风冷头痛，鼻渊，齿痛，痰饮咳逆，风湿痹痛等。北细辛大辛纯阳，为药中猛悍之品，以温散燥烈为能事，用之得当，则其效立见。又有小毒，故用量不宜过大，尤其是研末服用更须谨慎。现代研究表明，全草含挥发油 2.65％，油中主要成分为甲基丁香酚、黄樟醚、优香芹酮、β-蒎烯、α-蒎烯、榄香素、细辛醚等。有解热、利尿、镇痛、镇静作用，有发汗、祛痰之效。可用于治疗咳喘、便秘等病症。

牙皂 又称猪牙皂。为豆科植物皂荚的干燥不育果实。性味辛、咸，温，有小毒。归肺、大肠经。辛窜行散温通，具有祛痰开窍、散结消肿的功能。用于治疗中风口噤，昏迷不醒，癫痫痰盛，关窍不通，喉痹痰阻，顽痰喘咳，咯痰不爽，大便燥结。治猝然昏迷，口噤不开，属实闭证者，以之配伍细辛、天南星等研末，吹鼻取嚏，以促使苏醒。对于湿痰壅滞，咳吐不爽，胸闷喘咳者，可单用本品为末，用红枣煮汤调服；也可与半夏、莱菔子等同用。可以作为催嚏药，研末吹鼻取嚏促使苏醒；或作为催吐药，温水调灌催吐；此外，还可外治痈肿，研末外敷有消痈肿止痛作用，熬膏涂疮肿（未溃者）有消肿作用。现代研究表明，本品含三萜类皂苷、鞣质、蜡醇、廿九烷、豆甾醇等。具有祛痰、催吐、致泻等作用。刺激肠道后可引起肠蠕动亢进而有通便排气效果。

雄黄　是四硫化四砷的俗称，又称作石黄、黄金石、鸡冠石，通常为橘黄色粒状固体或橙黄色粉末，质软，性脆。性味辛，温，有毒。归肝、大肠经。具有解毒杀虫、燥湿祛痰、截疟之功效。用于治疗痈肿疔疮，蛇虫咬伤，虫积腹痛，惊痫，疟疾。现代研究表明，雄黄主要成分为硫化砷，机体吸收后，对神经有镇痉、止痛作用；体内外均有杀虫作用。水浸剂对金黄色葡萄球菌、分枝杆菌、变形杆菌、铜绿假单胞菌及多种皮肤真菌有不同程度的抑制作用。雄黄有毒，肠道吸收后能引起吐、泻、眩晕甚至惊厥，慢性中毒能损害肝、肾的生理功能。

花椒　为芸香科植物青椒或花椒的干燥成熟果皮。性味辛，温。归脾、胃、肺、肾经。有温中行气、散寒除湿、止痛、杀虫、解鱼腥毒等功效。治积食停饮，胃腹冷痛、呕吐、风寒湿痹，泄泻、痢疾，疝痛，血吸虫、蛔虫，疮疥等症。又作表皮麻醉剂。现代研究表明，花椒果皮中挥发油的主要成分为柠檬烯、1,8-桉叶素、月桂烯、α-蒎烯、β-蒎烯、香桧烯等。花椒水提物有抗小鼠应激性溃疡的形成和抗小鼠番泻叶所致腹泻作用，作用产生缓慢、持久，明显抑制胃肠推进运动。花椒水提物和醚提物对大鼠血栓形成有明显抑制作用，所含的佛手柑内酯能对抗肝素的抗凝血作用，有止血作用，还有镇痛、抑菌抗菌、驱虫等作用。

【用法用量】

上述四味药研成细末，灌服。并吹鼻给药，从猪鼻孔处吹入，公猪吹左鼻，母猪吹右鼻。吹鼻取涕，排除异物、病原。

猪 大 便 结

【原文】

猪大便结

治法　滑石末、白蜜糖、香油煎服，食下即通。又方：芝麻三合，煮粥喂下自好。

【词解】

大便结：是大便干燥秘结、排便不顺畅的意思，即便秘。

合：中国市制容量单位，一升的十分之一。

【病因病机】

引起便秘的原因多且复杂，中兽医认为，便秘主要由燥热内结、气机郁滞、津液不足和脾肾虚寒所引起。猪大便结是粪便干燥，排粪艰涩难下，甚至便秘不通。根据病因及主证不同，主要分三类：

热结：由外感热邪，或火热之邪伤及脏腑，或草料难消，聚而化热，内热亢盛，灼伤津液，导致大便秘结，腹部胀满拒按，小便短赤，口干喜饮，口色红，鼻镜干燥，有时腹部可按到结块。治宜消积散结，或清内热，润肠通便，可依据情况选用大、小承气汤等。

寒结：外感寒邪，伤及脾阳，或畜体正气不足，运化无力，证见耳鼻俱凉，排粪艰涩，小便清长，腹痛，口色青白。治宜温中通便，可据临床表现选用理中汤、四逆汤等。

虚结：由于畜体素弱，脾肾阳虚，运化传导无力，或气血亏虚，肠燥便秘。治宜补脾益气、润肠通便，本方所对应的症候属于此范畴。

本病症不仅能用滑石末、白蜜糖、香油煎服，食下即通，而且用芝麻三合，煮粥喂下也能自好，表明该病主要是热伤而致津液不足或气血亏虚引起的便秘。

【治则】

清解热邪，润肠通便。

【方解】

方一：滑石性甘、淡、寒，归膀胱、肺、胃经。《素问·至真要大论》"寒者热之，热者寒之"。此方用滑石之寒以清内热存津为主药；白蜜糖甘、平、润滑，以润肠通便，补中缓急；香油平、润燥通便为辅药。诸药合用共奏清内热、润下通便之功效。

方二：芝麻补肝肾、润五脏、润下通便为主药。

【药物性能与现代研究】

滑石 为硅酸盐类矿物，主要含水合硅酸镁。性味甘、淡、寒。归膀胱、肺、胃经。具有利尿通淋、清热解暑、收湿敛疮的功效。用于治疗热淋、石淋、尿热涩痛、暑湿烦渴、湿热水泻；外治湿疹、湿疮、痱子等症。由于粉末表面积大，可吸附肠道内大量的化学刺激物或毒物，具有保护肠道黏膜的作用，故可用于治疗泄泻；大量使用则反之，具有通便之效。药理作用：①保护皮肤和黏膜的作用，可镇吐、止泻，阻止毒物在胃肠道中的吸收。②对伤寒沙门菌、副伤寒沙门菌、脑膜炎球菌有抑制作用。

白蜜糖　即蜂蜜，由蜜蜂采集酿制而成。性味为甘、温。归胃经、肺经和脾经，具有补中益气缓急、润燥止痛、清热解毒、利湿、润肺止咳等功效。现代研究表明，本品主含葡萄糖、果糖；其他还含蔗糖、糊精、有机酸、蛋白质、挥发油、蜡、花粉粒、维生素、淀粉酶、过氧化酶、酯酶、生长刺激素、乙酰胆碱、胡萝卜素，无机元素钙、硫、磷、镁、钾、钠、碘等。对创面有收敛、营养和促进愈合作用；另有润滑性祛痰和轻泻作用等。

香油　又称芝麻油、麻油，是从芝麻中榨取的油脂。性味甘，偏凉。归心、肝、脾、肺、肾经。具有润燥、润滑肠壁、通利大便的功效，还可补液、息风、解毒、杀虫以及消除疮胀。现代研究表明，香油中含有丰富的维生素 E，具有促进细胞分裂和延缓衰老的功能；还能保护、软化血管，清除氧自由基，有抗氧化、延缓衰老等作用。

芝麻　又名脂麻、胡麻，是芝麻科植物芝麻的干燥成熟种子。性味甘、平。归肝、肾、大肠经。具有补肝肾、润五脏、益气力、长肌肉、填脑髓的作用，可用于治疗肝肾精血不足所致的眩晕、须发早白、脱发、腰膝酸软、四肢乏力、步履艰难、五脏虚损、皮燥发枯、肠燥便秘等病症，起润下通便之功效。

【用法用量】

煎服，原文中没有注明用量，可根据猪的大小用药，滑石研磨为细末，蜂蜜、香油适量，煎服。另方为芝麻三合煮成粥，喂下。

猪喉风气闭症

【原文】

猪喉风气闭症

治法　以猪鼻孔焙干为末，又合牙皂面，以吹鼻，其效如神。
又方：用草秆泥包之病即愈。

【词解】

喉风：中医学病名。多由暑热内侵，热毒侵扰，积于心胸，上攻于喉，或外感寒湿，毛窍闭塞，致火毒内邪，上冲咽喉，致咽喉部突然肿痛、音哑、喉鸣、呼吸困难等疾患。若兼见牙关紧闭、吞咽困难者，称"锁喉风"。咽喉部糜烂者，称"烂喉风"。治宜内服散风清热解毒、消肿止痛药为主，外用清热化腐生肌之药，并配合针刺疗法。

气闭：气闭证是指因风、痰、火、瘀之邪气壅盛导致气机逆乱、阴阳乖戾、气机闭塞不通所致的病证。此证或因外感邪气、或因内伤，七情过极，发病暴急，可见于中风、昏迷、惊风等各种危急病证。出现突然昏倒，神志不清，气粗痰鸣，牙关紧闭、二便不通等。

猪鼻孔：即鱼腥草，俗称侧耳根、折耳根。

　　牙皂面：即牙皂打碎为粉末。

　　草秆泥：《〈猪经大全〉注释本》（1979 年）认为是杂草经长期发酵腐熟而成的污泥；《〈猪经大全〉新解》（2008 年）中认为是水稻收割翻耕后夹杂有稻草茬的泥土。

【病因病机】

　　喉风为三焦积热，热毒上攻于咽喉而致。喉风即咽喉炎，各种原因如流感嗜血杆菌、肺炎链球菌、流感病毒等引起的喉部炎症，有大量渗出物导致喉部肿胀，症见喉头内外硬肿，犬坐式呼吸，伸颈等，严重时可导致窒息而死亡。锁喉风系指急喉风兼有口噤如锁的病证。《景岳全书》卷二十八："咽喉肿痛，饮食难入，或痰气壅塞不通者，皆称为锁喉风。"本证多由外感风热、暑热内侵，或热积心胸，热毒上攻于咽喉而成。

【治则】

　　疏风清热，解毒消肿，开窍。

【方解】

　　鱼腥草清热解毒、化痰排脓消痈为主药；牙皂辛窜行散温通、开窍为辅药。二药共奏疏风清热、解毒消肿、开窍之功。

【药物性能与现代研究】

　　鱼腥草　为三白草科植物蕺菜的新鲜全草或干燥地上部分。味辛，性微寒。归肺、膀胱、大肠经。具有清热解毒、化痰排脓消痈、利尿消肿通淋的作用。主治肺热喘咳、肺痈吐脓、喉蛾、热痢、疟疾、水肿、痈肿疮毒、热淋、湿疹、脱肛等病症。现代研究表明，主要成分为挥发油和黄酮类，内含有效抗菌成分癸酰乙醛、月桂醛、α-蒎烯和芳樟醇、甲基正壬基甲酮、樟烯、月桂烯、柠檬烯、乙酸龙脑酯、丁香烯；另含阿福苷、金丝桃苷、芸香苷、绿原酸以及 β-谷甾醇、硬脂酸、油酸、亚油酸、槲皮苷等。鱼腥草可增强白细胞和巨噬细胞的吞噬能力，提高血清备解素浓度，增强机体免疫力，对上呼吸道感染、支气管炎等呼吸系统感染具有较好的治疗作用。鱼腥草提取物对细菌、病毒有抑制作用，还有利尿、抗炎、镇静、镇痛、镇咳、止血、抗过敏等作用。

牙皂　其性味、归经、功效与现代研究见"猪发瘟症"条。

【用法用量】

将鱼腥草烘干后，研成细末，和牙皂细末混合均匀后，从猪鼻孔处吹入。

草秆泥在颈部没有皮肤外伤破损处包敷。

猪扯惊风症

【原文】

猪扯惊风症

治法　防风五钱、桂枝二钱、麻黄二钱、酒芍二钱、杏仁二钱、川芎二钱、枯芩二钱、防己二钱、炙草二钱、附片一钱、姜三片、枣四枚，合煎喂。

【词解】

扯：指拉、牵引、抽搐。

惊风：又称"惊厥"，俗名"抽风"，是西南地区对风证和痉证的习惯性称呼。以发热，抽搐时颈项强直、角弓反张，或突然昏倒无知觉，或四处无目的乱撞为主证。一般认为其发病原因有二：一为风寒湿邪阻滞脉络，如《素问》所说："诸痉项强，皆属于湿""诸暴强直，皆属于风"；一为津血虚少，筋脉不得濡养。患猪背项强直，肌肉震颤，四肢抽搐痉挛，眼球上翻。湿重则表现为肢体沉重、苔白腻；热重则见腹满便结、苔黄腻、脉弦数；气血亏虚则表现为神疲气短。由于惊风的发病有急有缓，证候表现有虚有实、有寒有热，故临证常将其分为急惊风和慢惊风，凡起病急暴，属阳属实者，统称急惊风；凡病势缓慢，属阴属虚者，统称慢惊风。

钱：钱是我国传统的重量单位。新中国成立初期，一直沿用一斤十六两的计量方法，1959 年，将原来的十六两为一斤改为十两为一斤，则 1 钱＝5 克。从 1979 年 1 月 1 日起，我国中药计量单位也改用克、毫克、升、毫升。

酒芍：即酒炒白芍，取白芍片，喷淋黄酒拌匀，稍闷后，置锅内用文火加热，炒干，取出放凉。

枯芩：就是生长年限较长的黄芩，由于生长时间长而导致其根部的木部（即内部）腐烂发黑。

炙草：又名炙甘草、蜜甘草、蜜炙甘草，是用生甘草片加蜂蜜拌匀，再炒至不粘手取出晾干。

【病因病机】

多由于外感时邪、暑热，或饮食不节，食滞痰郁，内蕴痰热积滞，热伤心血和津液，心热过甚，神明不清，则狂奔乱走，目无所视；热甚，则下吸肾阴，引动相火，致水虚无以制水，阴虚阳实，化火生风，令猪痉挛抽搐。或外感卫阳不固，邪从外来，壅滞筋脉，遂发抽风。或气血虚弱，筋脉失去濡养，遂发抽风。或脾虚不运化水湿，水湿壅滞化为痰饮，上蒙心窍而神昏。

【治则】

祛风化痰，安神止痉。

【方解】

方中麻黄、桂枝、防风、防己、杏仁祛风散寒、祛痰通络，以驱外来之风邪，共为主药；附片温阳益气、扶正祛邪，川芎上行头目，以祛巅顶之风，且能活血化瘀，取"血行风自灭"之意，枯芩制诸药之温热为辅药；炙草益气调中，酒芍护营和血为佐药；姜、枣调和营卫为使药。诸药合用共奏祛风化痰、安神止痉之功。

【药物性能与现代研究】

防风　为伞形科植物防风的干燥根。性味辛、甘，温。归膀胱、脾、肝经。具有发表、祛风、渗湿、止痛的功效。用于外感表证、风疹瘙痒、风湿痹痛、破伤风症、脾虚湿盛等。现代研究表明，含挥发油、防风色酮醇、甘露醇、香草酸、香柑内酯、补骨脂素、欧前胡内酯、花椒毒素、东莨菪素、镰叶芹醇、防风酸性多糖等。防风煎剂或醇浸剂有解热、抗炎镇痛、镇静、抗惊厥、抗菌、抗病毒、抗凝血、抗肿瘤、抗氧化、降压、调节免疫功能等药理作用。

桂枝　别名柳桂，为樟科植物肉桂的干燥嫩枝。性味辛、甘，温。入肺、心、膀胱经。具有发汗解肌、温通经脉、散寒止痛、助阳化气的功能，常用于风寒感冒、寒凝血滞诸痛证、痰饮、蓄水证、心悸。现代研究表明，主要含有挥发油，油中主要成分是桂皮醛、桂皮酸，为镇静、镇痛、解热作用的有效成分。桂枝具有发汗、散热、扩张血管、改善微循环、增加冠状动脉血流量和心肌营养性血流量、改善心功能、抗菌、抗病毒、祛痰、止咳、抗凝、抗炎、抗过敏、镇静、抗惊厥、利尿、促进肠胃蠕动及抗肿瘤等药理作用。

麻黄　为麻黄科植物草麻黄、木贼麻黄和中麻黄的干燥草质茎。性味辛、微苦，温。归肺、膀胱经。具有发汗散寒、宣肺平喘、利水消肿的功效。用于风寒感冒、支气管哮喘、支气管炎、气管炎、肺炎、偏头痛、肾炎水肿、黏膜水肿、低血压症及缓慢型心律失常等病症。现代研究表明，麻黄中含有麻黄碱、伪麻黄碱、甲基麻黄碱、甲基伪麻黄碱、麻黄次碱、儿茶鞣质、松油醇等成分。麻黄碱能松弛支气管平滑肌、胃肠道平滑肌，抑制胃肠道蠕动，增强心肌收缩力，增加心输出量，升高血压，并具有明显的中枢兴奋作用。麻黄煎剂和挥发油有平喘、发汗、解热作用，对流感嗜血杆菌、甲型链球菌、肺炎链球菌、枯草杆菌、大肠埃希菌、白色念珠菌、流感病毒等均有抑制作用。麻黄提取物具有抗炎作用，能降低毛细血管通透性，抑制肉芽组织的形成，抑制花生四烯酸的释放与代谢。此外，麻黄中的伪麻黄碱能扩张肾血管，增加肾血流量，阻碍肾小管对 Na^+ 重吸收，起到利水消肿的作用。

白芍 为毛茛科植物芍药的干燥根。酒制后称为酒芍，偏于养血活血，用于血虚兼寒凝血瘀之症最宜。性味苦、酸，微寒。入肝、脾经。具有养血柔肝、缓中止痛、敛阴止汗的功效。现代研究表明，白芍含有芍药苷、牡丹酚、芍药花苷、苯甲酰芍药苷、芍药内酯苷、氧化芍药苷、苯甲酸、β-谷甾醇、没食子鞣质、挥发油等。具有解痉、降低肠管张力、抑制肠管与子宫收缩、镇痛、镇静、抗惊厥、抗炎、增强免疫、抗菌等药理作用。

杏仁 即苦杏仁，为蔷薇科植物杏、山杏、东北杏的干燥成熟种子。性味苦，温，有小毒。入肺、大肠经。具有祛痰止咳、平喘、润肠的功效。临床上多用于治疗咳嗽、哮喘、肠燥便秘、肿瘤等病证。现代研究表明，杏仁中有一半是脂肪油，油中主要含有亚油酸、油酸及棕榈酸，另含苦杏仁苷、苦杏仁酶、樱苷酶、蛋白质、氨基酸、氢氰酸、微量元素等。具有润肠通便、镇咳、平喘、抗突变、抗癌、抗炎、镇痛、驱虫杀菌等药理作用。若大量服用，可引发氢氰酸中毒，出现呼吸困难、抽搐、昏迷、瞳孔散大、心跳速而弱、四肢冰冷等不良反应。

川芎 为伞形科植物川芎的干燥根茎。性味辛，温。入肝经。

具有行气开郁、祛风燥湿、活血祛瘀、止痛的功效。治风冷头痛、胁痛腹疼、寒痹痉挛、痈疽疮疡等。现代研究表明，川芎含川芎嗪、挥发油、新川芎内酯、咖啡酸、原儿茶酸、阿魏酸、大黄酚、棕榈酸、香草醛、β-谷甾醇及蔗糖等。川芎具有镇静、扩张冠状动脉、增加冠状动脉流量及心肌营养血流量、降低血管阻力、抗心肌缺血、降压、扩张脑血管、改善微循环、增加脑血流量、抗脑缺血、抗凝血、改善血液流变及抑制血栓形成、解痉、抗多种病原微生物、抗放射、利尿、保护肾功能等药理作用。

枯芩　为唇形科植物黄芩、滇黄芩、黏毛黄芩和丽江黄芩的干燥老根，别名腐肠、黄文、妒妇、虹胜、经芩、印头、内虚、空肠、子芩、宿芩、条芩、元芩、土金茶根、山茶根、黄金条根。性味苦，寒。入心、肺、胆、大肠经。具有清热泻火、燥湿解毒、止血、安胎的功效。治肺热咳嗽、热病高热神昏、肝火头痛、目赤肿痛、湿热黄疸、湿热泻痢、热淋、吐衄血、崩漏、胎热不安、痈肿疔疮。现代研究表明，黄芩主要含黄酮类化合物，如黄芩苷、黄芩素、黄芩新素、汉黄芩素、汉黄芩苷等。具有广谱抗菌、抗病毒、抗炎、保肝、利胆、抗氧化、解热、镇静、降压、降血脂、抗过敏、抗肿瘤等药理作用。

防己　为防己科植物粉防己的块根。性味苦，寒。入肺、脾、膀胱经。具有利水消肿、祛风止痛的功效。用于小便不利、湿疹疮毒、风湿痹痛、水肿。粉防己含有汉防己碱、防己诺林碱、轮环藤酚碱等生物碱类，另含黄酮、酚类、有机酸类、挥发油等。防己中的粉防己碱具有免疫抑制、抗炎、抗过敏、镇痛、抗心律失常、抗心肌缺血、抗肿瘤的作用，还能显著改善肝功能，减轻肝脏病理性损伤，防治肝纤维化。常用于治疗神经性疼痛、肝纤维化、心绞痛、硅肺病及高血压等疾病。

炙草　又名炙甘草、蜜甘草、蜜炙甘草，是用蜜炮制的甘草。性味甘，平。归心、肺、脾、胃经。甘草具有补脾益气、清热解毒、祛痰止咳、缓急止痛，调和诸药的功效。现代研究表明，炙甘草含有甘草甜素（甘草酸）、甘草次酸、甘草多糖等多种化学成分，蜜炙可提高甘草中甘草苷及其他黄酮类化合物的含量，烘制法制得的炙甘草中甘草酸含量高。与甘草相比，炙甘草止痛效果非常显著。此外，有较强的提高免疫功能的作用。

附片　即附子片。为毛茛科植物乌头（栽培品）的旁生块根（子根）。性味辛、甘，大热，有毒。归心、脾、肾经。具有回阳救逆、补火助阳、逐风寒湿邪的功效。用于治疗亡阳虚脱、肢冷脉微、阳痿、宫冷、心腹冷痛、虚寒吐泻、阴寒水肿、阳虚外感、寒湿痹痛等。现代研究表明，附子含新乌头碱、乌头碱、次乌头碱、消旋去甲基乌药碱等生物碱，以及附子脂酸、附子磷脂酸钙、b2-谷甾醇及其脂肪酸酯等。炮制后生物碱含量大为减少。具有局部麻醉、镇静、镇痛、抗炎、强心、升压、抗心律失常、抗休克、扩张血管、调节血压、抗心肌缺血、抗肿瘤、抗寒冷、降血糖、促进免疫应答等作用。但属剧毒药，安全范围小，可使心率减慢、心律紊乱，甚至室颤。乌头碱有毒，能够造成呼吸中枢及心肌麻痹。乌头碱极易水解，水解后毒性减小。

姜　为姜科多年生草本植物姜的根茎。性味辛，微温。归肺、脾、胃经。具有解表散寒、温中止呕、温肺止咳、解毒的功效。常用于治疗风寒感冒、脾胃寒症、胃寒呕吐、肺寒咳嗽、解鱼蟹毒。现代研究表明，生姜含姜醇、α-姜烯、β-水芹烯、柠檬醛、芳香醇、甲基庚烯酮、壬醛、α-龙脑等，还含辣味成分姜辣素。具有镇静、抗惊厥、解热、镇痛、抗炎、松弛胃肠道平滑肌、止吐、兴奋心脏、保护胃黏膜、保肝利胆、抗血小板聚集、抗5-羟色胺、抗氧化、抗微生物、兴奋中枢、促进体内活性物质释放、促进吸收、止咳、降血脂、抗过敏等作用。

枣　为鼠李科植物枣的成熟果实。性味甘，温。归脾、胃经。具有补脾和胃、益气生津、调营卫、解药毒的功效。常用于治疗胃虚食少、脾弱便溏、气血津液不足、营卫不和、心悸怔忡等。现代研究表明，大枣含有机酸、三萜苷类、生物碱类、黄酮类、糖类、维生素、氨基酸、挥发油、微量元素、环磷腺苷、环磷乌苷等成分。具有保肝、镇静、增强肌力、增加体重、抗癌、抗突变、抗Ⅰ型变态反应、止痛等作用。

【用法用量】

将处方量防风、桂枝、麻黄、酒芍、杏仁、川芎、枯芩、防己、炙草、附片、姜、枣，合并煎煮后饲喂。

因附片有小毒，应先煎，其余药后下。

猪风火便结

【原文】

猪风火便结

治法　当归一两、生地五钱、熟地四钱、天冬五钱、寸冬五钱、枯芩四钱、大黄五钱、防风五钱、秦艽五钱、麻仁五钱、甘草三钱。水煎喂下。

【词解】

风：为中兽医基础术语。凡致病具有善动不居、轻扬开泄等特性的外邪，称为风邪。风邪是"六淫"之首，《黄帝内经》就记载有"风为百病之长"之说。风邪能与寒、痰、湿、燥、热（火）等病邪联合致病。有外风和内风的区别。

火：为中兽医基础术语。凡致病具有炎热升腾等特性的外邪，称为火（热）邪，为六淫之一。火邪属阳邪，与热的性质基本相同，临床多见高热、目赤、烦渴引饮、舌红、舌苔发黄、脉数等，严重者还可能出现神志昏迷、惊厥、狂躁等症状。

便结：是大便干燥秘结、大便不顺畅的意思，即便秘。

寸冬：即麦冬、麦门冬。

【病因病机】

由症名及方药组成可知，此症是风邪和火邪所致便结，外感风邪，气血津液由内向外与风邪抗争，机体内部津液虚少化热，表现为大肠秘结，此津液虚少故。《元亨疗马集》中说："风伤肺也"，风伤肺，肺失肃降，同时感受火邪，故使肺燥，耗灼津液，大肠亦失和降，不利于大肠气机的通降和粪便的排泄，使大肠壅滞秘结。

【治则】

滋阴补液，泻热通便。

【方解】

方中当归、熟地补血养血，生地、二冬滋阴生津润肺为主药；大黄、枯芩苦寒以泻阳明里热为辅药；防风、秦艽解表祛风，麻仁润下、补益为佐药；甘草调和诸药为使药。诸药合用共奏滋阴补液、泻热通便之功。

【药物性能与现代研究】

当归　为伞形科植物当归的干燥根。性味甘、辛，温。归肝、心、脾经。具有补血和血、润燥滑肠等功效。治肠燥便难、赤痢后重、痈疮、跌扑损伤等。现代研究表明，当归含挥发油、糖类、维生素及有机酸等。当归多糖是促进造血功能的主要有效成分，能够刺激骨髓造血，促进外周血红细胞、白细胞、血红蛋白等含量的增加。当归对子宫平滑肌具有双向调节作用，其挥发油及阿魏酸能抑制子宫平滑肌收缩，水溶性或醇溶性的非挥发性物质能兴奋子宫平滑肌。当归、当归水提物、阿魏酸能增加冠状动脉流量，缓解垂体素引起的心肌缺血，还具有抗心律失常作用。当归及其成分当归多糖、阿魏酸既能增强机体非特异性免疫，又能增强特异性免疫。此外，当归还具有降血脂、抗实验性动脉粥样硬化作用、扩张血管、降压、抗血栓形成、保肝、利胆、抗炎、平喘、抗肿瘤等多种药理作用。

生地黄　为玄参科植物地黄的块根。性味甘，寒。归心、肝、肾经。具有养阴清热、凉血补血的功效，可补肾、引火归元。用于阴虚发热、内热消渴、发斑发疹等。现代研究表明，地黄含苷类、糖类、氨基酸、微量元素、有机酸等成分。具有促进造血功能，能刺激骨髓增加红细胞、血红蛋白及血小板，促进血虚动物红细胞、血红蛋白的恢复，加快骨髓造血细胞的增殖分化，止血，降低血糖、血压，增强机体免疫力，镇静，抗肿瘤、抗衰老等药理作用。现多用于治疗糖尿病、胃出血、功能性子宫出血、血小板减少性紫癜、红斑狼疮、慢性肾炎等疾病。

熟地黄　为玄参科植物地黄的块根，经加工蒸晒而成。性味甘，微温。入肝、肾经。具有滋阴补血、益精填髓的功效。用于肝肾阴虚、腰膝酸软、骨蒸潮热、盗汗遗精、内热消渴、血虚萎黄。现代研究表明，熟地黄含5-羟甲基糠醛、梓醇、果糖、甘露三糖、葡萄糖等。熟地黄可强心利尿，对抗地塞米松对垂体-肾上腺皮质系统的抑制作用，还具有补血作用，促进造血干细胞的增殖分化，对失血性贫血有一定疗效。多糖可以促进免疫功能和凝血功能。此外，熟地黄还具有抗炎、保肝、抗肿瘤、降压、降低血糖、抗衰老等功效。

天冬　为百合科植物天冬的块根。性味甘、苦，寒。入肺、肾经。具有养阴清热、润肺滋肾的功效。治燥热咳嗽、阴虚咳嗽、热病伤阴、内热消渴、肠燥便秘、咽喉肿痛。现代研究表明，天冬含皂苷、多糖、氨基酸、维生素及微量元素等。具有镇咳、祛痰和平喘、增强免疫、抗炎、抗溃疡、抗血栓形成、抗肿瘤等作用。天冬总多糖能够增加小鼠胸腺和脾脏重量指数，增强机体的非特异免疫功能。天冬煎剂对炭疽杆菌、甲型及乙型溶血性链球菌、白喉杆菌、类白喉杆菌、肺炎链球菌、葡萄球菌及枯草杆菌均有不同程度的抑制作用。

麦冬　为百合科植物麦冬的块根。性味甘、微苦，寒。归心、肺、胃经。具有润肺养阴、益胃生津、清心除烦的功效。主治阴虚肺燥、咳嗽、痰稠、胃阴不足、口燥咽干、肠燥便秘等。现代研究表明，麦冬的化学成分主要包括甾体皂苷类、高异黄酮类、多糖类等，能抑制平滑肌细胞的增殖，保护心血管系统，调节机体免疫功能，抵抗衰老，降低血糖，抗肿瘤，抗血液流变学改变及抗血栓形成，麦冬多糖有抗过敏的作用。

枯芩　性味、归经、功效、现代研究见"猪扯惊风症"。

大黄　为蓼科植物掌叶大黄、唐古特大黄或药用大黄的干燥根及根茎。性味苦，寒。归脾、胃、大肠、肝、心包经。具有泻热通肠、凉血解毒、利胆退黄、逐瘀通经、止血的功效。用于实热便秘、积滞腹痛、泻痢不爽、湿热黄疸、血热吐衄、目赤、咽肿、肠痛腹痛、痈肿疔疮、瘀血经闭、跌打损伤、外治水火烫伤、上消化道出血。现代研究表明，大黄含大黄酚、大黄酸、芦荟大黄素、大黄素、蜈蚣苔素、大黄素甲醚、番泻苷、没食子酸、桂皮酸、d-儿茶素等。具有致泻、止泻、抑菌、促进消化、利尿、降低血清主胆固醇、排石、改善肾功能、降压、降血脂、抗肿瘤、抗溃疡、解热、抗炎、止血等药理作用。

防风　性味、归经、功效、现代研究见"猪扯惊风症"。

秦艽　为龙胆科植物秦艽、粗茎秦艽、麻花秦艽、小秦艽的根。性味辛、苦，平。归胃、肝、胆经。具有祛风除湿、和血舒筋、清热利尿的功效。治风湿痹痛、筋脉拘挛、黄疸、便血等。含秦艽碱（甲、乙、丙）、龙胆苦苷、当药苦苷、黄酮类、糖类及挥发油等。现代研究表明，秦艽有抗炎、镇痛、保肝、免疫抑制、降压、降尿酸、抗氧化、抗甲型和乙型流感病毒感染、抗肿瘤活性、提高胃蛋白酶活性、增加胃蛋白酶排出量、调节中枢系统等药理作用。

麻仁　即火麻仁，为桑科植物大麻的干燥成熟果实。性味甘，平。归脾、胃、大肠经。具有润燥、滑肠、通便的功效。用于血虚津亏、肠燥便秘。现代研究表明，麻仁含脂肪油、木脂素酰胺类、甾体类、大麻酚类、黄酮和苷类、生物碱、挥发油、蛋白质和氨基酸、维生素和微量元素等。具有致泻、止泻、抑制胃溃疡的形成、降低血压、改善心功能、镇痛、镇静、抗惊厥、抗疲劳、改善学习和记忆、抗炎、抗氧化、免疫调节等药理作用。

甘草　为豆科植物甘草、胀果甘草或光果甘草的干燥根及根茎。性味甘，平。归心、肺、脾、胃经。具有补脾益气、清热解毒、祛痰止咳、缓急止痛、调和诸药的功效。用于脾胃虚弱、倦怠乏力、心悸气短、咳嗽痰多、脘腹、四肢挛急疼痛、痈肿疮毒，缓解药物毒性、烈性等。现代研究表明，其含甘草酸（又称甘草甜素）、甘草次酸、甘草素、甘草苷、甘草查耳酮 A 及甘草异黄酮 B 等。具有抑菌、抗病毒、肾上腺皮质激素样作用、解毒、祛痰镇咳、保护胃黏膜、解痉、抗炎、调节免疫、抗肿瘤、保肝、抗心律失常等药理作用。可用于治疗胃或十二指肠溃疡、咳嗽、吐痰、急慢性肝炎、肝硬化、皮炎、湿疹等疾病。

【用法用量】

处方量当归、生地、熟地、天冬、寸冬、枯芩、大黄、防风、秦艽、麻仁、甘草。合并煎煮后饲喂。

猪　糠　结　症

【原文】

猪糠结症

治法　盐锅巴重一钱烧红，入肛门寸许，将红曲米一杯捣碎，和热饭一大碗，调米喂之。

【词解】

糠：为稻、麦、谷子等农作物籽实的外壳，碾碎后形成的粉末。

结症：大便干结不通畅的症状。

入肛门寸许：是把药物通过肛门置入直肠内大约1寸，以刺激肠道黏膜，促进排便。

【病因病机】

多由于饲养管理不当，给猪饲喂糠拌草料等，糠使用过量，损伤脾胃功能，造成胃肠运化无力，消化不良，胃肠中津液内竭，大便燥结难解。因津液少故不可用下法，宜用消导法。

【治则】

消食、润下。

【方解】

盐锅巴肛门给药，泻热润燥，通二便治标，红曲米口服活血化瘀、健脾消食治本，共奏消食、润下之功。

【药物性能与现代研究】

盐锅巴　又称锅巴盐，为熬制食盐后锅中所剩余的盐渣滓。性味甘咸，寒。归胃、肾、肺、肝、大肠、小肠经。具有泻热、润燥、补心、坚筋骨、通二便的功效。主要治疗食停上脘、心腹胀病、脑中痰癖、二便不通。现代研究表明，盐锅巴具有消肿、镇痛、增强胃肠蠕动、增强食欲、增加尿胃蛋白酶的含量、消炎、抗菌、改善心机能不全等作用。

红曲米　为红曲霉属真菌接种于蒸熟的大米上发酵而成，其色赤红，故名红曲米，又名赤曲、红米、红大米、红曲、红糟。性味甘，温。入肝、脾、大肠经。具有活血化瘀、健脾消食的功效。主治产后恶露不净、瘀滞腹痛、跌打损伤、食积饱胀、赤白痢。《本草纲目》中记载红曲具有健脾消食、活血化淤的特殊功效，历来被视为安全性高的食品补充剂。《日用本草》《本草从新》《本草衍义补遗》《本草备药》以及《天工开物》等对红曲均有记载，如元朝吴瑞所著《日用本草》中记述"红曲酿酒破血行药势"。现代研究表明，从红曲中筛选出来的洛伐他汀是强效降血脂成分，可起到预防与治疗心脑血管疾病的作用。红曲中还含有麦角甾醇、生物黄酮、皂苷、膳食纤维、氨基多糖等成分。具有降血脂、降血压、降血糖、抗肿瘤、抗疲劳、增强免疫力等广泛的药理作用。

【用法用量】

把处方量盐烧红烧热，候温放入肛门，红曲米研成粉，和热饭、大米饲喂。

猪 尿 结 症

【原文】

猪尿结症

治法　朴硝末一两、茴香子一合，捣熬水灌下。又方：曲鳝十条，捣，凉水透浓汁，灌下立通。

【词解】

尿结：即尿闭，尿结石嵌顿，导致尿路淋涩不畅的病症；或是膀胱癃闭、小便不通之证。

【病因病机】

本病多由于乘热过饮冷水，水入小肠而注膀胱，清浊不分，冷热相击，致尿闭；或损伤膀胱，气机开合失常，尿液蓄积膀胱；或热邪内侵，加之饮水不足，心热下移小肠，津液枯竭；或暑热由表入里转于膀胱，膀胱内外兼热，尿道肿胀，闭塞不通成膀胱火结尿闭；或肾虚气闭，肾阳虚衰等致小便传递无力，遂发尿闭（尿结）。根据本证所用药，辨证为火结尿闭（尿结）。

【治则】

清热利尿。

【方解】

朴硝咸、苦、寒，清火消肿、通便软坚为主药；茴香子辛、温，制性存用、理气止痛为辅药，二药共奏清热利尿之功；另曲鳝（即蚯蚓）咸、寒，咸以下行，寒以清热，擅攻坚散结，故可清热利尿。

【药物性能与现代研究】

朴硝　属于中药中的泻下药，是芒硝的粗制品，经加工精制而成的结晶体为芒硝。经脱水者称为玄明粉。朴硝、芒硝、玄明粉功效相同。性味咸、苦、寒。归肺、胃、大肠经。在《神农本草经》中属上品，主百病，除寒热邪气，邪气凝结则生寒热，硝味咸苦能软坚而解散之。朴硝质重性轻而能散郁结，置金石器中尚能渗出，故遇积聚等邪，无不消解。具有消食、逐水、缓泻之功效。现代研究表明，朴硝含有硫酸钠及少量的氯化钠、硫酸镁等成分。具有致泻、抗炎、抑菌等作用。

茴香子　为伞形科植物茴香的干燥成熟种子。性味辛，温。归肝、肾、脾、胃经。具有温阳散寒、理气止痛的功效。现代研究表明，茴香中主要含有脂肪油、挥发油、甾醇、黄酮、生物碱、糖苷、氨基酸等成分，具有促进唾液和胃液分泌、增强胃肠收缩、促进肠蠕动、促进消化机能、抑菌、抑制肝脏炎症、减轻肝纤维化程度、利胆、抗炎、抗癌、抗突变、抗糖尿病等作用及性激素样作用。

曲鳝　即蚯蚓，又叫地龙，为钜蚓科动物威廉环毛蚓、栉盲环毛蚓、通俗环毛蚓、参环毛蚓的干燥全体。性味咸，寒。归肝、脾、膀胱经。具有清热、平肝、止喘、通络的功能。主治高热狂躁、惊风抽搐、风热头痛、目赤、半身不遂等。现代研究表明，地龙主含多种氨基酸及脂肪酸，另含蚯激酶、次黄嘌呤、琥珀酸、蚯蚓素、蚯蚓毒素及钙、镁、锌等微量元素。具有解热、镇静、抗惊厥、降压、镇痛、纤溶、抗凝、增强免疫、抗肿瘤、抗菌、利尿、兴奋子宫及肠平滑肌等作用。可用于治疗慢性支气管炎、高血压、癫痫、支气管哮喘、组织纤维化等疾病。

【用法用量】

处方量朴硝末、茴香子，捣碎，熬水，灌下。又方：曲鳝十条，捣碎，用凉水透出浓汁，灌下。

猪尿黄将结症

【原文】

猪尿黄将结症

治法　猪苓一两，水煎灌之，即愈。又方：热童便入盐少许，灌之立效。

【词解】

尿黄：尿液颜色偏黄，多提示有内热。

将：即将要发生、出现。

结：即尿结、尿闭，是膀胱癃闭、小便不通之证。

【病因病机】

多因感受热邪，或饮水不足，心热下移小肠，下注膀胱，气化失常，热灼津液，致津液不足，使尿液量少、色黄。失治、误治可能发生尿结症。

【治则】

清热利尿。

【方解】

猪苓渗湿利水、利小便为主药,以淡渗利水泻热。另方:童便性寒,能滋阴降火、利尿为主药,盐泻热通便为佐使药,两药合用共奏清热利尿之功。

【药物性能与现代研究】

猪苓 为多孔菌科真菌猪苓的干燥菌核,别名稀苓、地乌桃、野猪食、猪屎苓等。性味甘,平。入脾、肾、膀胱经。具有渗湿利水之功,治小便不利、水肿胀满、泄泻、淋浊、带下等。现代研究表明,猪苓主要活性成分为多糖、麦角甾醇、猪苓酮、生物素、氨基酸、维生素及无机元素等。具有利尿,促进钠、氯、钾等电解质的排出,促进 B 细胞和 T 细胞的增殖,抑菌、增强免疫、抗肿瘤、抗氧化、抗炎、保护肝脏及肾脏等作用。

童便 指 10 岁以下儿童的尿。性味咸,寒。归心、肺、膀胱、肾经。具有滋阴降火、凉血散瘀的功效,并有治疗阴虚火升引起的咳嗽、吐血、鼻衄及产后血晕的作用。一般是作为药引之用,以增加药的疗效。童便既可口服也可外用,外用治疗跌打损伤、目赤肿痛,疗效甚好;内服治疗咳嗽、吐血、鼻衄等。此外,从尿中提取的尿激酶,具有溶解心、肺、眼底及颅内血栓的作用,对治疗静脉血栓性疾病有显著疗效,同时也可用于治疗冠心病。

盐 为海水或盐井、盐池、盐泉中的盐水经煎、晒而成的结晶体。性味咸,寒。归胃、肾、肺、肝、大肠、小肠经。具有补心润燥、泻热通便、解毒引吐、滋阴凉血、消肿止痛、止痒之功效。主要治疗食停上脘、心腹胀病、胸中痰癖、二便不通。主要成分为氯化钠,具有很强的渗透力和杀菌作用。

【用法用量】

根据猪的大小取适量猪苓，用水煎煮，灌服。又方中用新鲜童便加入少许盐，灌服。

猪泄痢稀粪症

【原文】

猪泄痢稀粪症

治法　骨碎补为末，入猪肾，熬喂。又方：棉花籽炒研，掺食喂，其效果灵。

【词解】

泄：同泻，指腹泻。《素问·脉要精微论》："胃脉实则胀，虚则泻。"

痢：中医学病名，古称"滞下"，因病情不同而有"赤痢""白痢""赤白痢""噤口痢"等名。

泄痢：同泻痢，即泄泻。《局方发挥》："夫泻痢证，其类尤多，故贤曰湿多成泻，此确论也。"泻痢与痢疾不同，无里急后重、大便脓血之证。

稀粪：粪便稀薄，不成形，排便次数增加的表现，是多种类似症状的统称。

【病因病机】

泄泻常由外感邪气、内伤阴冷、饲养管理不当而引起。方中所用药皆为补肾之药，由此可见本证为肾虚泄泻，由脾肾虚弱引起，脾主运化，必须借助于肾阳温煦蒸化，如肾阳不足，不能温煦脾阳则脾阳不足，表现为形寒肢冷、久泻不止、腰背似弓、肛门不收等症。引起肾阳虚可能为先天不足、后天失养而致体质虚弱，或久病致命门不固。

【治则】

补肾、健脾、止泻。

【方解】

骨碎补，性温以补肾阳、健脾，猪肾味咸引药下行，以健肾补腰、和肾理气，共奏补肾健脾而止泻之功。又方：棉花籽，性味辛，热，入肾经，以温肾阳。炒法炮制以增其温阳之力。

【药物性能与现代研究】

骨碎补　为水龙骨科植物槲蕨的干燥根茎。性味苦，温。归肾、肝经。具有补肾强骨、活血止痛的功效。治肾虚久泻及腰痛、风湿痹痛等。现代研究表明，骨碎补主要含有黄酮类（柚皮苷）、三萜、苯丙素、酚酸及其苷类化合物，具有促进成骨细胞的增殖、分化及钙化，降低骨关节病变率、促进骨损伤愈合、改善肾功能、抗血管内皮损伤、促进肝肾上腺内胆固醇代谢、免疫抑制、抗氧化、抗过敏、护牙健齿等作用。

猪肾　为猪科动物猪的肾，俗称猪腰子。性味咸，平。归肾经。具有健肾补腰、和肾理气的功效。主治肾虚耳聋、遗精盗汗等。现代研究表明，其含有蛋白质、脂肪、糖类和维生素等，其中维生素 A 具有维持正常视觉功能、维护上皮组织细胞的健康和促进免疫球蛋白的合成、维持骨骼的正常发育、促进生长与生殖等功能；维生素 B 可以参与机体内的能量代谢，提高机体对蛋白质的利用率，促进生长发育，还可以强化肝功能、调节肾上腺素。还含有钙、磷、铁、钾、钠、镁、锌、硒等丰富的矿物质，可以维持机体的酸碱平衡、参与能量代谢，还可以增强体力、抗氧化、抗疲劳、减缓衰老等。此外，猪肾还能通膀胱、消积滞、止消渴，有很好的利尿消肿作用。

棉花籽　为锦葵科植物草棉、陆地棉、海岛棉和树棉的种子。性味辛，热，有毒。归肾、脾、女子胞经。具有温肾通乳、活血止血的功效。主治阳痿、腰膝冷痛、白带、遗尿、乳汁不通等。现代研究表明，其含棉酚、挥发油等，油中主要含有棕榈酸、亚油酸等。具有抗癌、抗氧化、抗菌、抗病毒、止咳、祛痰、平喘、兴奋子宫、减轻腹泻等作用。

【用法用量】

根据猪的大小，取适量骨碎补研磨成细末，和猪肾一起熬煮，喂之。又方：棉花籽炒干后研磨成细末，和食物一起混合饲喂。

猪肠风下血症

【原文】

猪肠风下血症

治法　猪大肠一节，计入黄连末，细炖熟食之，一次不愈，连服二次，真效验之神方也。

【词解】

肠风：为便血的一种。因湿热内侵，客于肠道，久而损伤阴络，迫血外溢，导致便血。

下血：证名，即便血、泻血、血便，指大小便带血。《金匮要略·惊悸吐衄下血胸满瘀血病脉证治》："下血，先便后血，此远血也。"

计入：是指将黄连粉末装入肠管内，用线将肠管两端扎紧。

【病因病机】

多因感受外邪，热与湿同时侵入机体，或因饮食不节、湿热下注，蕴积肠胃，久而损伤阴络，导致大便时出血。为湿热便血证。

【治则】

清利湿热，止血。

【方解】

黄连清热燥湿，泻火解毒为主药；猪大肠清热、祛风、止血为辅药，共奏清利湿热、止血之功。

【药物性能与现代研究】

黄连 为毛茛科植物黄连、三角叶黄连或云连的干燥根茎。性味苦，寒。归心、胃、肝、大肠经。具有清热燥湿、泻火解毒。用于治疗时行热毒、伤寒、热盛心烦、痞满呕逆、菌痢、热泻腹痛、吐血、衄血、下血等。现代研究表明，其含小檗碱、黄连碱、表小檗碱、小檗红碱、非洲防己碱、药根碱、甲基黄连碱等多种生物碱，另含阿魏酸、黄柏酮、黄柏内酯等。具有解热、镇痛、抗炎、减轻腹泻、抗氧化、抗菌、抗病毒、抗真菌、抗心律失常、抗心肌缺血、降血压、降血糖、降血脂、降血清胆固醇、抗凝血、抗溃疡、抗肿瘤、升白细胞、利胆、抗利尿、局部麻醉、镇静、镇痛及轻度抗癌、抗放射、兴奋平滑肌等药理作用。可用于治疗肠道感染、呼吸道感染、心律失常、糖尿病、胃炎、胃溃疡、血小板凝集、烫伤及烧伤等疾病。

猪大肠 指猪的大肠，又名肥肠。性味甘，微寒。具有清热、祛风、止血的功效。主治肠风便血、血痢、痔漏、脱肛。现代研究表明，其含肝素、胰泌素、胆囊收缩素、抑胃肽、舒血管肠肽等。从猪的肠黏膜中提取的肝素具有抗凝血、抗血栓、防止动脉粥样硬化、增强胰腺外分泌功能、抑制胃酸分泌、促进胃蛋白酶和胆汁分泌、抑制胃肠平滑肌收缩、增强幽门括约肌张力而延缓胃排空、促进胆汁分泌、抑制胃运动、抑制五肽胃泌素刺激胃酸和胃蛋白酶的分泌等作用。

【用法用量】

　　将适量黄连粉碎为末，装入大肠中，将肠管两端扎紧，用小火炖熟，一次饲喂内服，病情严重一次不愈的再服一次。

猪烂心肺症

【原文】

猪烂心肺症

治法　白及为末四两，米汤调之灌下，一服其症稍减，再灌可以安然无恙矣。

【词解】

烂：腐烂、腐败。

烂心肺："心肺"为云南、贵州、四川三省交界地区人们对肺脏的俗称。肺经病常见肺黄、肺热、肺痈等，该病例与肺痈相似。猪感染分枝杆菌后，肺脏发生干酪样坏死或呈空洞状病变，俗称烂心肺症（其他病原菌如肺炎球菌、金黄色葡萄球菌、巴氏杆菌等也可导致肺脏发炎、充血、出血、溃烂、坏死，但病变与分枝杆菌感染有显著区别）。此病多在猪死亡后剖解观察所见。

【病因病机】

外感六淫或内伤，或吸入药物、大粒尘埃，或抢食、急食而吸入饲料，致风寒束肺、风热束肺、热燥内侵、湿热内侵、异物入肺等，心肺热盛，气机壅塞不畅，气血瘀滞，日久则发生肺热、肺黄、肺痈（肺烂）。前期属肺热证，后期为肺虚证。

【治则】

前期以清肺解毒、散瘀排脓为主，后期以收敛、消肿、生肌、补益为主。

【方解】

白及收敛止血、消肿生肌为主药；米汤能滋阴长力，有很好的补养作用为佐使药。二者共奏收敛、消肿、生肌、补益之功。

【药物性能与现代研究】

白及　为兰科植物白及的干燥块茎。性味苦、甘、涩，微寒。归肺、肝、胃经。具有收敛止血、消肿生肌等功效。治肺伤咳血、衄血、金疮出血、痈疽肿毒、溃疡疼痛、汤火灼伤等症。现代研究表明，白及的主要化学成分是联苄类、菲类及其衍生物，还含有少量挥发油、黏液质、甘露聚糖、淀粉、葡萄糖等。具有止血、抗胃溃疡、抗菌、促进网状内皮系统的吞噬功能、活化巨噬细胞等作用。

米汤　是用大米煮粥时形成的液体部分。米汤性味甘平，能滋阴长力，有很好的补养作用。现代研究表明，米汤中含有高浓度淀粉、丰富的水溶性蛋白质、游离氨基酸、维生素、纤维素和矿物质等成分，具有控制细胞膜的通透性、吸附内毒素、抑菌、止泻、保护胃黏膜、助消化等作用。

【用法用量】

将适量白及研磨为细末，和浓稠的米汤混合后，灌服，症状减轻，再次灌服。

猪烂肚子症

【原文】

猪烂肚子症

治法　以泻黄治之，苡仁用二两为末，米汤下喂之，病易痊，得效。

【词解】

烂：腐烂、腐败，痈。

肚子：指动物的胃、肠，也是腹部的俗称。

烂肚子症：指胃肠湿热所致湿热泻痢等。

黄：①黄证，凡黄病者，不可一概而论。标本不同，证治亦异。故《婴孩宝书》云：黄病皆因胃热所为。由是观之，乃脾胃气虚，感受湿热，郁于腠理，淫于皮肤，蕴积成黄，熏发于外，故有此证。②指脾胃，脾胃在五行中属黄色，脾胃湿热致泻痢。

泻黄：即清泻脾胃。脾胃在五行中属黄色，泻黄即清泻脾胃。泻黄治之，指用清泻脾胃湿热的方法治疗。

【病因病机】

多因暑热炎天，喂养不洁，致湿热毒邪内侵，热伤心血，心血不足，母病传子，脾阳不足，加之湿热相挟而伤畜体，致脾胃阴阳失调，中气不足而下注大小肠，导致清浊不分，传导失职而成泄泻；或湿热毒邪郁结于胃肠，胃肠气血阻滞，气血与暑湿毒邪相结，化为脓血，而成泻痢。属于里热湿证。

【治则】

清利湿热、止泻。

【方解】

苡仁健胃祛湿、消水肿为主药，米汤健脾胃为辅药。二药共奏泻脾胃湿热止泻之功。

【药物性能与现代研究】

苡仁　即薏苡仁，为禾本科植物薏苡的干燥成熟种仁。性味甘、淡，凉。归脾、胃、肺经。据《本草纲目》《本草经疏》等著作记载，具有健胃、强筋骨、去风湿、消水肿、清肺热等功能，适于治疗脾胃虚弱、肺结核、风湿疼、小便不利等症。现代研究表明，苡仁含薏苡仁多糖、薏苡素、薏苡酯、脂肪油、维生素、氨基酸、糖类等。具有抗癌、增强免疫、促进溶血素及溶血空斑形成、促进淋巴细胞转化、降血糖、镇痛、抗炎、诱发排卵、抗动脉血栓形成、抗凝血等作用。

米汤　性味、归经、功效、现代研究见"猪烂心肺症"。

【用法用量】

根据猪大小，取适量苡仁研成粉末，用浓稠的米汤混合后灌服。

猪烂肝子症

【原文】

猪烂肝子症

治法　大茜草一两，水煎温灌下，一服若不愈，连进二三服，应验。

【词解】

肝子：即肝脏。

烂肝子：即肝脏损伤。

烂肝子症：为肝脏发炎肿大，可能是由于暑热内侵、草料霉变致慢性中毒性肝损伤，或瘟疫（病毒感染所致传染性肝炎）、肝寄生虫等引起的肝黄、黄疸。

【病因病机】

多由于暑湿热毒内侵致热伤心血，心营不足，血不归经，子病犯母，令肝经气血瘀滞，血瘀生黄；或采食霉变草料，损伤脾胃和肝经，致土壅侮木，肝气瘀滞化热，血瘀成黄而发肝黄，肝气瘀滞，胆汁瘀留，迫其外溢肌肤，故发黄疸。

【治则】

活血祛瘀，凉血止血。

【方解】

大茜草活血祛瘀，凉血止血，改善肝脏气血瘀滞状态，从而起治疗效果。

【药物性能与现代研究】

大茜草　即茜草，又名红茜草、锯锯藤、小血藤，为茜草科植物茜草的干燥根及根茎。性味苦，寒。归肝经。具有凉血止血、活血祛瘀之功，可改善肝脏气血瘀滞状态，缓解瘀滞疼痛，治疗肝炎、肝硬化、各种血症有效；本品止血而不留瘀，用于热证出血、经闭腹痛、跌打损伤。配乌贼骨止血力更强。现代研究表明，其主要的化学成分为水溶性的环己肽类，脂溶性的蒽醌及其糖苷类、还原萘醌及其糖苷类、多糖类、萜类、微量元素、β-谷甾醇、茜草素、茜草酸等。具有止血、抗氧化、抗炎、抗肿瘤、抗心肌梗死、解痉、止咳、祛痰、平喘、神经保护等作用。

【用法用量】

大茜草一两，用水煎煮，候温灌下，一服若不愈，连服二三服。

猪肿心子症

【原文】

猪肿心子症

治法　辰砂水飞二钱，猪心血调一杯服之，症已渐退。又灌，症自痊愈，秘效。

【词解】

肿：其本义是身体全部或局部因病而体积增大。肿和痈不完全相同。痈是气血为毒邪壅塞而不通的意思；有内痈与外痈之分，内痈生在脏腑，外痈生在体表。肿则可以但不限于指局部隆起的块状物，它还能指整条腿或整条手臂的体积或整个身子因病理作用而体积增加等情况。

心子：即心脏。

肿心子：即心脏肿大、心肌肥厚之症。

水飞：中药学术语，系中药炮制法，是制取药材极细粉末的方法。做法是利用粗细粉末在水中悬浮性不同，将不溶于水的药材（矿物、贝壳类等药物）与水共研，经反复研磨制备成极细腻的粉末。

调：搭配均匀，配合适当。

【病因病机】

多因外感暑热，热邪内侵伤于心经，心热津枯，心气不足，遂发心动不宁，口色红，心主神，热扰心神，则出现躁动不安等症状。

【治则】

清心镇惊，安神解毒。

【方解】

辰砂微寒、质重，在清虚热时又引药下行，故清心镇惊，安神解毒；猪心血补血养心，熄风镇惊，下气，止血。二药共奏清心镇惊、安神解毒之功。

【药物性能与现代研究】

辰砂　又称丹砂、朱砂。性味甘，微寒，有小毒。归心经。具有清心镇惊、安神解毒的功效。用于治疗癫痫发狂、心神不宁、心悸、癫痫、惊风、视物不清、口疮、喉痹、疮疡肿毒等。现代研究表明，本品主要成分为硫化汞，尚含雄黄、磷灰石、沥青质等杂质。经水飞法后服用，具有镇心安神、抗惊厥、杀皮肤细菌及寄生虫等作用。

猪心血　指从猪的心脏剖取的血液。性味咸，平。归心、肝经。具有补血养心、熄风镇惊、下气、止血的功效。用于治疗头风眩晕、癫痫惊风等。

【用法用量】

处方量辰砂水飞磨细，用猪心血调一杯灌服。

猪 打 摆 子

【原文】

猪打摆子

治法　榔片、常山、陈皮、青皮、厚朴、草果、甘草煎之，露后温服。

【词解】

打摆子：是疟疾的俗称，而疟疾是以蚊虫为传播媒介的疟原虫感染。疟疾发病，首先出现骤然的畏寒、寒战，牙关紧闭，四肢末端发凉，然后冷感消失转为发热，体温迅速上升可达 40℃以上，然后体温恢复正常，这是疟疾典型表现。

露后：①将药材煎熬后放置室外过夜使其充分浸润，此为炮制方法的露润。②制成露剂。露剂是一种药物剂型，又名药露，系指含挥发性成分的药材用水蒸气蒸馏法制成的芳香水剂，如目前生产应用的金银花露、薄荷露、藿香露和银翘油。露剂的制备方法比较精炼，因原料的不同而异，如纯净的挥发油或挥发性物质，可用溶解法和稀释法制备，含挥发性成分的中药材常用水蒸气蒸馏法制备，即是药物放置水中加热蒸馏，收集所得的液体，即得。

【病因病机】

由于感受疟邪,《黄帝内经》称其为疟气,邪气内侵伏于少阳半表半里,内传脏腑,横连膜原,正邪交争,营卫相搏,从而发病。此处为因蚊虫叮咬或其他途径感染疟原虫而导致的食欲不良,脾失健运,胃肠痞满,消化不良,精神不振,往来寒热等临床表现。

【治则】

祛邪截疟,和解表里。

【方解】

常山杀虫、抗疟疾、解热,榔片杀虫、破积、下气、行水为主药;草果燥湿温中、除痰截疟,用于治疗寒湿内阻、脘腹胀痛、痞满呕吐、疟疾寒热为辅药;陈皮理气健脾、燥湿化痰,青皮疏肝破气、消积化滞,厚朴燥湿消痰、消胀下气为佐药;甘草补脾益气、清热解毒、祛痰止咳、缓急止痛、调和诸药为使药。诸药合用共奏祛邪截疟、和解表里的作用。

【药物性能与现代研究】

榔片 为棕榈科植物槟榔的干燥成熟种子,切片制成。性味苦、辛,温。归胃、大肠经。具有杀虫、破积、下气、行水的功效。治虫积、食滞,脘腹胀痛,泻痢后重,疟疾。现代研究表明,其主要化学成分为槟榔碱、脂肪酸、鞣质和氨基酸,另外还有多糖、槟榔红色素及皂苷等成分。具有驱杀寄生虫、抗真菌、抗病毒、兴奋M-胆碱受体、增加肠蠕动、收缩支气管、减慢心率、引起血管扩张和血压下降、抗氧化等作用。

常山　为虎耳草科植物常山的干燥根。性味苦、辛，寒，有毒。归肺、肝、心经。具有引吐、杀虫、抗疟疾、解热等功效。用于治疗痰饮停聚、疟疾等。现代研究表明，常山含有常山碱甲、常山碱乙、常山碱丙、异常山碱、常山定、香豆素、4-喹唑酮以及伞形花内酯等。具有抗疟疾、促进巨噬细胞增殖、增强巨噬细胞的吞噬功能、退热、降低血压、抗病毒、抗癌、消炎、促进伤口愈合、催吐等作用。

陈皮　为芸香科植物橘及其栽培变种的干燥成熟果皮。性味苦、辛，温。入脾、肺经。具有理气健脾、燥湿化痰的功效。用于治疗胸脘胀满、食少吐泻、咳嗽痰多等。现代研究表明，其含挥发油（柠檬烯）、橙皮苷、新橙皮苷、甲基橙皮苷、川陈皮素、陈皮多甲氧基黄酮、红橘素、肌醇、维生素 B_1、维生素 C 等。具有延长醉酒发生时间，缩短醒酒时间，提高乙醇脱氢酶含量，恢复肝脏中谷胱甘肽硫转移酶活性，提高还原型谷胱甘肽含量，抑制氧化反应对肝组织损伤等作用；还具有抗肿瘤、平喘、镇咳、抗变应性炎症、抗菌、解痉、抗炎、抗胃溃疡、利胆、抗动脉粥样硬化等作用。

青皮　为芸香科植物橘及其栽培变种的干燥幼果或未成熟果实的果皮。性味苦、辛，温。归肝、胆、胃经。具有疏肝破气、消积化滞的功效。用于治疗胸胁胀痛、疝气、乳核、乳痈、食积腹痛。现代研究表明，青皮中含有柠檬烯、伞花烃、芳樟醇、α-萜品醇、柠檬醛、橙皮苷、新橙皮苷、柚皮苷、川陈皮素以及天门冬氨酸、谷氨酸、脯氨酸等多种氨基酸。具有调整胃肠功能、利胆、保护肝细胞、祛痰、升压、兴奋呼吸、抗心律失常、抗休克、解痉等作用。

厚朴　为木兰科植物厚朴或凹叶厚朴的干燥干皮、根皮及枝皮。性味苦、辛，温。归脾、胃、肺、大肠经。具有燥湿消痰、消胀下气的功效。用于治疗湿滞伤中、脘痞吐泻、食积气滞、腹胀便秘、痰饮喘咳。现代研究表明，厚朴含厚朴酚、和厚朴酚、挥发油、生物碱，还含厚朴醛、厚朴木脂素 A～I、松脂酚二甲醚、木兰箭毒碱等成分。具有抑菌、抗肿瘤、兴奋平滑肌、抗炎、抗凝血、平喘，修复心肌细胞损伤、心肌缺血/再灌注造成的损伤、脑缺血造成的神经细胞损伤等作用。

草果　为姜科植物草果的干燥成熟果实。性味辛，温。归脾、胃经。具有燥湿温中、除痰截疟的功效。用于治疗寒湿内阻、脘腹胀痛、痞满呕吐、疟疾寒热。现代研究表明，草果含桉叶素、橙花醛、α-蒎烯、β-蒎烯、咖啡酸、微量元素等。草果具有调节胃肠功能、减肥降脂、降血糖、抗氧化、抗肿瘤、防霉和抗炎、镇痛等药理作用。

甘草　性味、归经、功效、现代研究见"猪风火便结"。

【用法用量】

根据猪的体型大小来确定处方药物（槟片，常山，陈皮，青皮，厚朴，草果）的用量，和甘草一起煎煮，室外放置过夜后，加热温服。

猪 病 疟 症

【原文】

猪病疟症

治法　附片、干姜、上桂、白术、茯苓、半夏、陈皮、五味。生姜为引煎汤调下。又方：附子、干姜、炙草，为末调喂。

【词解】

疟：病名，即疟疾。《素问·疟论》："疟者，风寒之气不常也"。

【病因病机】

感受疟邪，《黄帝内经》称其为疟气，或感寒湿等邪，伏于少阴或太阴，内传脏腑，横连膜原，正邪交争，营卫相搏，从而发病。是以寒战、畏寒、四肢厥逆、食欲下降、胃痞满、胀气等临床特征的疾病，欲称"打摆子""发寒热"。间时而作，有一日一发、二日一发，也有三日一发。凡发作时间逐次提早者是邪透阳分，有向愈转归；如逐次推迟的，则病有加重趋势。现代医学分为"间日疟""三日疟""卵圆疟""恶性疟"，恶性疟多凶险发作。《景岳全书·疟疾》说，治疟当辨寒热，寒胜者即为阴证，热胜者即为阳证。本证治法中所有药物基本都是温性的，附子大辛大热，走而不守，为回阳救逆的主药，干姜亦大辛大热，其性守而不走，温中散寒，辅以肉桂、五味固涩，白术、茯苓以安神，陈皮、半夏除痰湿，可见此方用于亡阳之证，主要针对疟疾阴证。

【治则】

驱寒化饮，温阳达邪。

【方解】

方一：附片回阳救逆、补火助阳、逐风寒湿邪，干姜温中逐寒、回阳通脉为主药；上桂补火助阳、引火归源、散寒止痛、活血通经为辅药；白术健脾益气、燥湿利水、止汗，茯苓利水渗湿、健脾宁心，半夏燥湿化痰、降逆止呕、消痞散结，陈皮理气健脾、燥湿化痰，五味敛肺、滋肾、生津、收汗、涩精为佐药；生姜为引煎汤调下为使药。

方二：附子回阳救逆、补火助阳、逐风寒湿邪，善温下焦之寒为主药；干姜温中逐寒、回阳通脉，善温上、中焦之寒为辅药；炙草补气、调和药物为佐使药。

【药物性能与现代研究】

附片　性味、归经、功效、现代研究见"猪扯惊风症"。

干姜　为姜科植物姜的干燥根茎。性味、归经、功效、现代研究见"猪扯惊风症"。

上桂　即肉桂，为樟科植物肉桂的干燥树皮。性味辛、甘，大热。归肾、脾、心、肝经。具有补火助阳、引火归源、散寒止痛、活血通经的功效。用于治疗阳痿、宫冷、腰膝冷痛、肾虚作喘、阳虚眩晕、目赤咽痛、心腹冷痛等。现代研究表明，其含挥发油，主要成分为桂皮醛，并含少量乙酸桂皮酯、乙酸苯丙酯，尚含黏液质、鞣质、碳水化合物等。具有抗应激性胃溃疡、利胆、解痉、镇静、镇痛、抗惊厥、解热、增强消化功能、缓解胃肠痉挛性疼痛、抗菌及抑制某些致病性真菌、降压、扩张冠状动脉、提高耐缺氧能力、抗肿瘤、升高白细胞等作用。可用于治疗支气管哮喘、慢性支气管炎、银屑病、荨麻疹等。

白术　为菊科植物白术的干燥根茎。性味苦、甘，温。归脾、胃经。具有健脾益气、燥湿利水、止汗、安胎的功效。用于治疗脾虚食少、腹胀泄泻、痰饮眩悸、水肿、自汗、胎动不安等。现代研究表明，其含挥发油，主要成分为苍术醇、苍术酮等，并含有多糖、内酯类、黄酮类、苷类等。具有抗肿瘤、修复胃黏膜、抗炎、镇痛、镇静、保肝、改善记忆力、调节脂代谢、降血糖、抗血小板、抑菌、免疫调节、调节水液代谢、抗氧化、减少腹泻、利尿等多种药理作用。

茯苓　为多孔菌科真菌茯苓的干燥菌核。性味甘、淡，平。归心、肺、脾、肾经。具有利水渗湿、健脾、宁心的功效。用于治疗水肿尿少、痰饮眩悸、脾虚食少、便溏泄泻、心神不安、惊悸失眠。现代研究表明，其含茯苓酸、茯苓多糖、茯苓素、甾醇、卵磷脂、葡萄糖、腺嘌呤、组氨酸、胆碱等。具有利尿、抗炎、保肝、抑制胃液分泌、抑制肿瘤细胞、增强机体免疫力、镇静抗惊厥等作用。

半夏　为天南星科植物半夏的干燥块茎。性味辛，温，有毒。归脾、胃、肺经。具有燥湿化痰、降逆止呕、消痞散结的功效。主治咳喘痰多、呕吐反胃、胸脘痞满、痈疽肿毒等。现代研究表明，本品含左旋麻黄碱及胆碱，还含挥发油、β-氨基丁酸和 α-氨基丁

酸、3,4-二羟基苯甲醛、尿黑酸、β-谷甾醇及其葡萄糖苷等。块茎
含有 β-谷甾醇-D-葡萄糖苷、3,4-二羟基苯乙酸及葡萄糖苷，还含
有多种氨基酸及生物碱等。具有止咳、止吐、降低眼内压、降血压
等作用。

陈皮　性味、归经、功效、现代研究见"猪打摆子"。

五味　即五味子，为木兰科植物五味子或华中五味子的干燥成
熟果实。前者习称"北五味子"，后者习称"南五味子"。性味酸，
温。归肺、心、肾经。具有敛肺滋肾、生津、收汗涩精的功效。主
治肺虚喘咳、口干作渴、自汗、盗汗、久泻久痢等。现代研究表
明，果实含挥发油、有机酸、维生素等。种子含脂肪油及木脂素类
成分：五味子甲素、五味子乙素、五味子丙素、五味子素、五味子
酯甲、五味子酯乙等。具有抗肝损伤、抑制中枢、安定、抗惊厥、
强心、降血压、抗菌、增强机体对非特异性刺激的防御能力等
作用。

附子　同附片。

炙草　性味、归经、功效、现代研究见"猪扯惊风症"。

【用法用量】

方一：根据猪体大小取适量附片、干姜、上桂、白术、茯苓、
半夏、陈皮、五味、生姜，煎熬候温服用。

方二：根据猪体大小确定药物的用量，将附子、干姜、炙草打
成粉末，用水调喂。

猪膏淋白浊症

【原文】

猪膏淋白浊症

治法　萆薢、台乌药、益智、石菖蒲、茯苓、甘草梢。加盐少许，熬水喂下。

【词解】

膏淋：是淋证的一种。淋证的成因有内、外因之分，但其基本病理变化为湿热蕴结下焦，肾与膀胱气化不利，其病位在膀胱与肾。当湿热等邪蕴结膀胱，或久病脏腑功能失调，均可引起肾与膀胱气化不利，而致淋证，出现小便混浊如米泔色。由于湿热导致病理变化的不同，及累及脏腑器官有差异，临床上有沙淋、石淋、虚淋、膏淋、血淋、气淋之分。

白浊：系指在排尿后或排尿时从尿道口滴出白色浊物，可伴小便涩痛的一种病证，亦称便浊、溺浊、尿浊。《黄帝内经》称之为白淫，小便浑浊色白。《诸病源候论·虚劳小便白浊候》："胞冷肾损，故小便白而浊也。"《证治准绳·赤白浊》："今患浊者，虽便时茎中如刀割火灼而溺自清，唯窍端时有秽物如疱脓目眵，淋沥不断，初与便溺不相混滥。"

【病因病机】

膏淋多由于营养不足、饲养管理不当，或湿热内侵伤及脾胃，脾胃湿热下注膀胱，或肾气不足，不能摄纳精液而流注；或肾阳亏损，膀胱气化失衡，固摄失度；或肾阴亏损，热移膀胱，气化不行，不能制约脂液精微下流，使尿液浑浊，状如米浆，或如膏状。本证属里虚寒证。

【治则】

温肾祛寒，燥湿利水。

【方解】

萆薢利湿去浊、分清别浊为主药；乌药行气止痛、温肾散寒、益智温脾、暖肾、固气、涩精为辅药；石菖蒲化湿开胃、开窍豁痰，茯苓利水渗湿、健脾，盐引药入肾为佐药；甘草梢清热解毒、缓急止痛、调和诸药为使药。诸药合用共奏温肾祛寒、燥湿利水之功。

【药物性能与现代研究】

萆薢　为薯蓣科植物粉背薯蓣和绵薯蓣的干燥块茎。性味苦，平。归肾、胃经。具有利湿去浊、祛风除痹的功效。主治膏淋、白浊、白带过多、风湿痹痛、关节不利、腰膝疼痛。现代研究表明，粉背萆薢和绵萆薢主要含有甾体皂苷类（薯蓣皂苷）、二芳基庚烷类和木脂素类等化学成分，也有三萜皂苷类、黄酮类和香豆素类等成分。具有降低尿酸水平、改善肾功能、抗菌、抗炎、提高机体免疫、抗动脉粥样硬化、抗心肌缺血、降低胆固醇等作用。

台乌药　浙江天台地区所产的道地药材，为樟科植物乌药的干燥块根。性味辛，温。归肺、脾、肾、膀胱经。具有行气止痛、温肾散寒的功效。主治寒凝气滞、胸腹胀痛、气逆喘急、膀胱虚冷、遗尿尿频、疝气疼痛等。现代研究表明，其含挥发油、新木姜子碱、牛心果碱、异喹啉生物碱、香樟烯、香樟内酯、羟基香樟内酯、乌药醇、乌药醚、异乌药醚、乌药酮。具有解热、镇痛、抗心律失常、抗氧化、降血脂、改善肝细胞脂肪变性、抗菌等作用。

益智　即益智仁，为姜科植物益智的干燥成熟果实。性味辛，温。归脾、肾经。具有温脾、暖肾、固气、涩精的功效。主治冷气腹痛、中寒吐泻、多唾、遗精、小便余沥、夜多小便等。现代研究表明，其含挥发油、4-萜品烯醇、黄酮类和庚烷类衍生物等。具有保护神经、改善记忆、抗氧化、延缓细胞衰老、抗菌、强心、抗应激、抑制肌肉收缩等作用。

石菖蒲　为天南星科植物石菖蒲的干燥根茎。性味辛、苦，温。归心、胃经。具有化湿开胃、开窍豁痰、醒神益智的功效。用于治疗噤口下痢、神昏癫痫等。现代研究表明，本品含挥发油（如细辛醚系列物）、生物碱类、醛类、酸类、多糖类及氨基酸等。具有双向调节中枢神经系统、减少缺血再灌注对心脏的损伤、抗肿瘤细胞增殖、改善血小板的黏附聚集性、抗血栓形成、促进胆汁分泌、降低高胆固醇血症、抗细菌、抗真菌、止咳、平喘、祛痰、抗炎、抗抑郁等作用。

茯苓　性味、归经、功效、现代研究见"猪病疟症"。

甘草梢　即细的甘草，性味、归经、功效、现代研究见"猪风火便结"。

盐　性味、归经、功效、现代研究见"猪尿黄将结症"。

【用法用量】

根据猪体大小确定药物剂量，将适量的萆薢、台乌药、益智、石菖蒲、茯苓、甘草梢，加少许盐，熬水后喂下。

猪肿腰子症

【原文】

猪肿腰子症

治法　桔梗一两、生石膏一两、猪苓一两、黄芩一两、干葛一两、花粉一两、甘草一两、滑石一两、黄豆半升、猪腰一对，同煮喂下。

【词解】

肿：本义为身体全部或局部因病而体积增加。辨析：肿和痈不完全相同。肿可以但不限于指局部隆起的块状物，它还能指整个器官或整个身体因病理作用而体积增加等情况。痈主要是指气血受到热毒作用，进而壅滞不通出现痈疮。

腰子：肾的别名。

【病因病机】

由于跌扑损伤，致气血凝滞肾经，或暑热火毒内侵伤及肾经，气滞血凝于肾经，致腰肾肿痛，收腰不起，行走艰难，属于里热气滞水饮内停证。

【治则】

清热泻火，利水渗湿，消肿。

【方解】

黄芩泻实火、除湿热，生石膏清热泻火、除烦止渴，花粉清热泻火、生津止渴、排脓消肿为主药；桔梗宣肺、利咽、祛痰、排脓，猪苓利水渗湿，干葛升阳解肌、透疹止泻、除烦止渴为辅药；滑石利尿通淋、清热解暑、祛湿敛疮，黄豆补气养血、健脾利水、排脓拔毒、消肿止痛，猪腰健肾补腰、和肾理气为佐药；甘草清热解毒、缓急止痛，调和诸药为使药。诸药合用共奏清热泻火、利水渗湿、消肿之功。

【药物性能与现代研究】

桔梗 为多年生桔梗科植物桔梗的干燥根。性味苦、辛，平。归肺、胃经。具有宣肺、利咽、祛痰、排脓的功效。用于治疗咳嗽痰多、胸闷不畅、咽痛、音哑、肺痈吐脓、疮疡脓成不溃。现代研究表明，本品含皂苷，其成分有桔梗酸、桔梗皂苷元及葡萄糖，又含黄酮苷、菊糖、桔梗聚糖、亚麻酸、硬脂酸、油酸、棕榈酸、菠菜甾醇、维生素等。具有止咳平喘、抗炎抑菌、抗肿瘤、降血脂、降血糖、抗氧化、保肝、抗肺损伤、免疫调节、抗肥胖等作用。可用于治疗感冒、肺炎、支气管炎、急性咽喉炎及慢性胃炎等疾病。

生石膏 为硫酸盐类矿物石膏的矿石。性味甘、辛，大寒。归肺、胃经。具有清热泻火、除烦止渴的功效。用于治疗急性热病高热、大汗、口渴、烦躁、神昏谵语、发癍发疹、中暑自汗、肺热咳喘、胃热、龈肿、口舌生疮等。现代研究表明，本品主要成分为含水硫酸钙，另含有锌、铜、铁、锰等微量元素，尚夹有砂粒、有机物、硫化物等杂质。具有退热、镇静、解痉、降低血管通透性、杀菌、提高细胞免疫功能等作用。

猪苓　性味、归经、功效、现代研究见"猪尿黄将结症"。

黄芩　性味、归经、功效、现代研究见"猪扯惊风症"。

干葛　又叫葛根、干葛根，为豆科植物野葛的根。性味甘、辛，凉。归肺、胃经。具有升阳解肌、透疹止泻、除烦止渴的功效。用于治疗表证发热、项背强痛、麻疹不透、热病口渴、阴虚消渴、热泻热痢、脾虚泄泻。现代研究表明，本品含异黄酮成分葛根素、葛根素木糖苷、大豆黄酮、大豆黄酮苷及 β-谷甾醇、花生酸，还含多量淀粉。葛根中提取的黄酮能扩张血管，增加脑及冠状动脉血流量，改善脑循环，抗心肌缺血，且有抗心律失常的作用。葛根对小鼠、豚鼠离体肠管具有罂粟碱样解痉作用，能对抗组织胺及乙酰胆碱的作用。葛根素是葛根生津止渴、降低血糖、治疗糖尿病的有效成分，能使四氧嘧啶性高血糖小鼠的血糖降低，并能改善糖耐量，有一定的对抗肾上腺素升血糖作用。葛根具有显著的解热作用，能促进皮肤血管扩张，促进血液循环而增加散热。葛根总黄酮、葛根素有抗氧化、抗衰老、抗血栓形成、促进记忆等作用。

花粉　即天花粉，为葫芦科植物栝楼的根。性味甘、微苦，微寒。归肺、胃经。具有清热泻火、生津止渴、排脓消肿的功效。主治热病口渴、黄疸、肺燥咳血、痈肿、痔瘘等。常将它与滋阴药配合使用治疗糖尿病，以达到标本兼治的作用。现代研究表明，天花粉含有天花粉蛋白、栝楼根多糖及其他多糖、皂苷及多量淀粉。天花粉蛋白为中期引产及治疗恶性葡萄胎的有效成分，对妊娠小鼠及犬均能杀死胎儿。天花粉的引产作用系天花粉蛋白直接作用于胎盘滋养层细胞使之变性坏死，使绒毛膜性腺激素下降到先兆流产的临界水平以下，前列腺素合成增加，引起宫缩而导致流产。天花粉能升高饥饿家兔血糖浓度，同时又含有能降血糖的成分。天花粉蛋白有较强的抗原性，应用时常见过敏反应。高剂量可引起肝、肾细胞变性、坏死。天花粉亦能直接兴奋子宫，并使其对垂体后叶素的敏感性增加。还可用于预防治疗糖尿病，可激发胰岛素分泌，调整内分泌。

甘草 性味、归经、功效、现代研究见"猪风火便结"。

滑石 为硅酸盐类矿物滑石的块状体。性味甘、淡，寒。归膀胱、肺、胃经。具有利尿通淋、清热解暑、祛湿敛疮的功效。用于治疗热淋、石淋、尿热涩痛、暑湿烦渴、湿热水泻；外治湿疹、湿疮、痱子。现代研究表明，主含水合硅酸镁，其他成分为氧化镁、氧化硅、水，还常含有氧化铝等杂质。滑石粉由于颗粒小，总面积大，能吸附大量化学刺激物或毒物，因此当撒布于发炎或破损组织的表面时，可有保护皮肤和黏膜的作用；内服时除保护发炎的胃肠黏膜而发挥镇吐、止泻作用外，还能阻止毒物在胃肠道中的吸收。滑石有明显减轻关节水肿的作用。滑石粉对伤寒沙门菌、副伤寒沙门菌、脑膜炎球菌有不同程度的抑制作用。滑石不是完全无害的，在腹部、直肠、阴道等处可引发肉芽肿。

黄豆 又名大豆，为豆科一年生草本植物大豆的种子。性味甘、平。归脾经、胃经。具有健脾宽中、润燥消水、清热解毒、益气的功效。主治疳积泻痢、腹胀羸瘦、妊娠中毒、疮痈肿毒、外伤出血等。现代研究表明，黄豆含较丰富的蛋白质、脂肪、碳水化合物以及胡萝卜素、维生素等，并含异黄酮类及皂苷类物质。大豆异黄酮具有抗氧化、抗肿瘤、雌激素样作用、降血脂、抑制动脉粥样硬化形成和改善骨代谢等作用。大豆皂苷具有降血脂、抗氧化、抑制肿瘤、抗血栓、抗病毒、免疫调节、减肥、调节糖代谢等作用。

黄豆中的膳食纤维有促消化的作用，可使肠道中的食物增大变软，促进肠道蠕动，从而加快排便速度，防止便秘和降低肠癌的风险。同时，黄豆还具有明显的降低血浆胆固醇、调节胃肠功能及胰岛素水平等功能。黄豆还能抗菌消炎，对咽炎、结膜炎、口腔炎、菌痢、肠炎有效。

猪腰 即猪肾，性味、归经、功效、现代研究见"猪泄痢稀粪症"。

【用法用量】

将处方量桔梗、生石膏、猪苓、黄芩、干葛、花粉、甘草、滑石与黄豆、猪腰子一同煎煮后饲喂。

猪受风寒湿卧症

【原文】

猪受风寒湿卧症

治法　制苍术一两、北细辛一两、炙甘草一两、藁本一两、香白芷一两、羌活一两、老川芎一两，姜葱熬喂。

【词解】

风寒：为中兽医的病因学术语，指风和寒相结合的病邪。《素问·玉机真脏论》："风寒客于人，使人毫毛毕直，皮肤闭而为热。"机体感受风寒后，临床表现可见恶寒重、发热轻，头痛、身痛，鼻塞流涕、咳嗽、舌苔薄白、脉浮紧等症状。治疗以祛风散寒为主，可采用中药内服或非药物疗法，效果明显。

湿：外湿致病，多因患者伤于雾露，或涉水淋雨，或居于潮湿之处而得。发病有由表入里的传变规律，因病变部位的不同而症状各异。外湿侵袭机体，还常兼有风、寒、暑、热等其他致病因素或病机特性，临床上也常以此做出病因或病性诊断，并作为治疗依据，如寒湿相兼、风湿相兼、湿热相兼，或风寒湿三者相兼等。

卧：本意为睡倒、躺或趴。

【病因病机】

此为痹症。由于感受风寒湿邪，邪入机体作用于经络，致经气凝滞，气血不通，瘀积疼痛，日久寒伤肾阳，命门火衰、肾气不固、火不生土；风伤肝而致肝不主筋，经脉迟缓；湿伤脾或寒湿困脾，加之火不生土，致脾胃虚弱，运化乏力而无以制水，导致水湿泛滥；脾主肉，肝主筋，肾生髓、充骨、入脑，由于肝、脾、肾经受损，故发卧地不起，四肢拳挛，重者骨质疏松，不能站立之证。痹症有寒痹（痛痹）、着痹、风痹（行痹）、热痹之分，本症为寒痹。由本方用药推测，本症病机为风寒侵表夹湿。

【治则】

解表散寒，祛风胜湿。

【方解】

羌活散表寒、祛风湿、利关节、止痛为主药；制苍术燥湿健脾、散寒祛风，北细辛祛风散寒、行水，藁本祛风散寒、除湿止痛，香白芷祛风燥湿、消肿止痛为辅药；老川芎活血行气、祛风止痛，姜温中逐寒、回阳通脉，葱发汗解表、通阳、利尿为佐药；炙甘草和中缓急、调和诸药为使药。诸药合用共奏祛风胜湿散寒之功。

【药物性能与现代研究】

制苍术　即炮制过的苍术，为菊科植物茅苍术或北苍术的干燥根茎。性味辛、苦，温。归脾、胃、肝经。具有燥湿健脾、散寒祛风、明目的功效。用于治疗湿盛困脾、倦怠嗜卧、脘痞腹胀、食欲不振、呕吐、泄泻、痢疾、疟疾、痰饮、水肿、时气感冒、风寒湿痹、足痿、夜盲等。现代研究表明，本品主要含有挥发油、苍术醇、苍术素、苍术素醇、乙酰苍术素醇、3β-乙酰氧基苍术酮及钡、钴、铜、锰等微量元素。苍术具有降血糖、降血压、扩张血管、抗缺氧、抗心律失常、抗炎、抗肿瘤、保肝、抗溃疡等作用。苍术对胃肠道运动功能有双向调节作用，苍术醇提物能对抗乙酰胆碱、氯化钡所致的大鼠离体平滑肌痉挛，而对正常大鼠胃平滑肌则有轻度兴奋作用。苍术对金黄色葡萄球菌、大肠埃希菌、分枝杆菌、枯叶杆菌和铜绿假单胞菌具有显著抑制作用，且点燃后产生的烟雾具有抑菌消毒作用。

北细辛　性味、归经、功效、现代研究见"猪发瘟症"。

炙甘草　性味、归经、功效、现代研究见"猪扯惊风症"。

藁本　为伞形科植物藁本或辽藁本的干燥根茎和根。性味辛，温，香燥。归膀胱经。具有祛风散寒、除湿止痛的功效。其药势雄壮，善达巅顶，以发散太阳经风寒湿邪见长，故用治太阳风寒，循经上犯，症见头痛、鼻塞、巅顶痛甚者，常与羌活、苍术等祛风止痛药同用，如神术散、羌活胜湿汤。现代研究表明，藁本含挥发油，油中主要含川芎内酯、蛇床内酯等，还含 β-谷甾醇、阿魏酸、棕榈酸、蔗糖等。具有镇静、镇痛、解热及抗炎作用，并能抑制肠和子宫的平滑肌、促进胆汁分泌、降血压、抗菌等作用。

香白芷　即白芷，为伞形科植物白芷或杭白芷的干燥根。性味辛，温。归肺、脾、胃经。具有祛风燥湿、消肿止痛功效。治头痛、眉棱骨痛、齿痛、鼻渊、寒湿腹痛、肠风痔漏、赤白带下、痈疽疮疡、皮肤燥痒、疥癣等。现代研究表明，白芷含有香豆精类、比克白芷素、比克白芷醚、欧前胡素、异欧前胡素、氧化前胡素、东莨菪素等。白芷具有解热、镇痛、解痉、抗炎、抗菌、平喘、降压、兴奋运动和呼吸中枢等作用。

羌活 为伞形科植物羌活或宽叶羌活的干燥根茎及根。性味辛、苦，温。归膀胱、肾经。具有散表寒、祛风湿、利关节、止痛的功效。主治外感风寒、头痛无汗、风水浮肿、疮疡肿毒等。现代研究表明，本品含挥发油、羌活酚、羌活醇、欧前胡内酯、异欧前胡内酯、二氢山芹醇等。羌活具有明显的解热、镇痛、抗炎、抗过敏等作用，这些为临床应用羌活治疗风寒湿痹、骨节酸痛提供了一定的药理学依据。对心脑血管，羌活具有抗血栓形成、抗心肌缺血、抗心律失常等药理作用，可用于治疗心脑血管疾病。

老川芎 即长年生长的川芎，性味、归经、功效、现代研究见"猪扯惊风症"。

姜 性味、归经、功效、现代研究见"猪扯惊风症"。

葱 为百合科植物大葱的茎、近根部的鳞茎。性味辛，温。归肺、胃经。具有发汗解表、散寒通阳的功效。主治风寒感冒轻症、痈肿疮毒、痢疾脉微、寒凝腹痛、小便不利等病症。现代研究表明，其含有挥发油、辣素、蛋白质、维生素、矿物质等成分。现代医学研究认为，葱具有明显的抵御细菌、病毒的作用，尤其对痢疾杆菌和皮肤真菌抑制作用更强。葱含具有刺激性气味的挥发油和辣素能刺激消化液分泌，增进食欲，还通过轻微刺激汗腺、呼吸道、泌尿系统相应腺体的分泌，起到祛痰、发汗和利尿作用。其含有的硫化物有轻度局部刺激作用、缓下作用和驱虫作用。葱所含果胶，可明显地减少结肠癌的发生，有抗癌作用，所含蒜辣素也可以抑制癌细胞的生长。葱的黏液质对皮肤和黏膜有保护作用。葱还有降血脂、降血压、降血糖的作用。

【用法用量】

　　将处方量制苍术、北细辛、炙甘草、藁本、香白芷、羌活、老川芎，姜葱适量，煎煮候温饲喂。

猪 风 瘫 症

【原文】

猪风瘫症

治法　当归五钱、川芎五钱、茯苓五钱、陈皮五钱、半夏五钱、乌药五钱、香附五钱、白芷五钱、北细辛五钱、防风五钱、麻黄五钱、羌活五钱、大草五钱、生姜三片，熬水灌下。

【词解】

风：中医认为，一为风邪，是一种常见的致病因素，致病广泛。《素问·骨空论》有"风为百病之长""风者，百病之始也"等理论概括。有"外风"与"内风"之说。外风指外来风邪，与疾病过程中产生的内风相对而言。内风一般是因为阴血亏虚、阳热亢盛引起。二为风证，是外感风邪或脏腑阴阳气血失调，虚风内生所致的证，包括外风证和内风证。外风证主要是感受外界风邪所致，可表现为恶风、微热、汗出、脉浮缓，或突起风团、瘙痒、麻木、肢体关节游走疼痛等。内风证则是由于机体内部的病理变化，如热盛、阳亢、阴虚、血虚等所致，以肢体抽搐、眩晕、震颤等为主要表现。

瘫：身体任何部位运动功能或感觉功能完全或部分丧失。

风瘫：系冲任血虚，心脾失养，故宗筋放弛，不能束骨而利机关，致四肢萎弱无力。

【病因病机】

风瘫是气血凝滞于脾肾之证。可由于风寒湿邪内侵，致经气凝滞，气血不通，瘀积疼痛，日久伤肾阳，命门火衰、肾气不固、火不生土；风伤肝而致肝不主筋，经脉迟缓，湿伤脾或寒湿困脾，加之火不生土，致脾胃虚弱，运化乏力而无以制水，导致水湿泛滥，上凌于脾。脾主肉，肝主筋，肾生髓、充骨、入脑，由于肝、脾、肾经受损，故发卧地不起，四肢痉挛，重者骨质疏松，不能站立之证。属于里虚寒证。也可由于长期营养不良，饥伤肌，毛焦肉减，日久经脉松弛，收缩无力，或长期食欲不振，或泄泻病猪，由于心脾气血衰竭，肾气不固，伤及肝肾，筋脉失养，筋脉痿软无力，致发筋败骨痿、不能站立、卧地不起的风瘫证。

【治则】

补养心脾，祛风胜湿。

【方解】

当归补血和血，川芎活血行气、祛风止痛，乌药行气止痛、温肾散寒为主药；白芷祛风燥湿、消肿止痛，北细辛祛风散寒、行水，防风发表祛风、渗湿止痛，麻黄发表散寒，生姜散寒解表，羌活散表寒、祛风湿、利关节、止痛为辅药；茯苓利水渗湿、健脾、宁心，陈皮理气健脾、燥湿化痰，半夏燥湿化痰、降逆止呕，香附疏肝解郁、理气宽中、止痛为佐药；大草补脾益气、祛痰止咳、缓急止痛、调和诸药为使药。诸药合用共奏补养心脾、祛风胜湿之功。

【药物性能与现代研究】

当归　性味、归经、功效、现代研究见"猪风火便结"。

川芎　性味、归经、功效、现代研究见"猪扯惊风症"。

茯苓　性味、归经、功效、现代研究见"猪病疟症"。

陈皮　性味、归经、功效、现代研究见"猪打摆子"。

半夏　性味、归经、功效、现代研究见"猪病疟症"。

乌药　性味、归经、功效、现代研究见"猪膏淋白浊症"。

香附　为莎草科植物莎草的干燥根茎。性味辛、微苦、微甘、平。归肝、脾、三焦经。具有疏肝解郁、理气宽中、调经止痛的功效。用于治疗肝郁气滞、胸胁胀痛、疝气疼痛、乳房胀痛、脾胃气滞、脘腹痞闷、胀满疼痛等。现代研究表明，香附含挥发油 1％，其中主要成分为香附子烯、香附醇、异香附醇，还含 α-香附酮及 β-香附酮、α-莎草醇及 β-莎草醇、柠檬烯、生物碱、强心苷、黄酮化合物、树脂、葡萄糖、果糖等。香附流浸膏对豚鼠、兔、猫、犬等动物的离体子宫均有抑制收缩作用。香附乙醇提取物对小鼠有镇痛作用。香附醇提取物可解热、安定。香附提取物及其成分可强心、减慢心率。香附油有抗菌、消炎作用。香附还可使胆汁流量增加，有健胃、驱除消化道积气的作用。

白芷　又名香白芷，性味、归经、功效、现代研究见"猪受风寒湿卧症"。

北细辛　性味、归经、功效、现代研究见"猪发瘟症"。

防风　性味、归经、功效、现代研究见"猪扯惊风症"。

麻黄　性味、归经、功效、现代研究见"猪扯惊风症"。

羌活　性味、归经、功效、现代研究见"猪受风寒湿卧症"。

大草　指优质甘草。性味、归经、功效、现代研究见"猪风火便结"。

生姜　性味、归经、功效、现代研究见"猪扯惊风症"。

【用法用量】

将处方量当归、川芎、茯苓、陈皮、半夏、乌药、香附、白芷、北细辛、防风、麻黄、羌活、大草、生姜，熬水灌下。

猪时行感冒

【原文】

猪时行感冒

治法 干葛、绿升麻、陈皮、大草、川芎、紫苏、白芷、赤芍、麻黄、香附，姜葱熬水灌之。

【词解】

时行：病名，又名时气，为感受四时不正之气所致的流行性疾病。《诸病源候论·时气候》："时气病者，是春时应暖而反寒，夏时应热而反冷，秋时应凉而反热，冬时应寒而反温，非其时而有其气，是以一岁之中，病无长少，率相似者，此则时行之气也。"又指冬季感受不正之气，至春而发的疾病，与伤寒、温疫源本小异。《肘后备急方》卷二："伤寒、时行、温疫，三名同一种耳，而源本小异。其冬月伤于寒，或疾行力作，汗出得风冷，至夏发，名为伤寒。其冬月不甚寒，多暖气，及西风使人骨节缓惰受病，至春发，名为时行。其年岁中有疠气兼挟鬼毒相注，名曰温病。"同时又是伤寒、温疫的俗称。《肘后备急方》卷二："又贵胜雅言，总名伤寒。世俗因号为时行。"时气中有不少病带有传染性和流行性，如果引起大流行，则称为"天行"或"天行时疫"。

时行感冒：是中医术语。感受四时不正之气发病，呈流行性感冒病证，病情常较一般感冒为重。《类证治裁·伤风》："时行感冒，寒热往来，伤风无汗，参苏饮、人参败毒散、神术散。"感受时行病毒所引起的急性呼吸道传染性疾病，现代医学称为流行性感冒。全身症状明显，临床以突然恶寒、发热、头痛、全身酸痛为主要特征。一年四季均可发生，冬春两季较为多见。起病急骤，传播迅速，传染性强，常可引起大流行。

【病因病机】

时行感冒的病因多因气候突变，时邪病毒经口鼻，或皮毛而入，侵袭机体，卫气被郁，故微恶风寒，发热或壮热；腠里毛窍开合失司，故无汗或少汗；邪未外泻，疫毒熏蒸于上，火热燔炽，故壮热嗜睡；上焦热炽，故目赤；邪毒袭肺，故咳嗽；邪伏中焦，故呕吐。本证属外感风寒证。

【治则】

疏风、解表、透邪。

【方解】

干葛升阳解肌、透疹止泻、除烦止渴，绿升麻发表透疹、升举阳气为主药；紫苏行气宽中、散表寒、发汗，白芷祛风燥湿、消肿止痛为辅药；陈皮理气健脾、燥湿化痰，川芎活血行气、祛风止痛，赤芍散瘀止痛，麻黄宣肺平喘，香附疏肝解郁、理气宽中、调经止痛，姜温中、回阳通脉，葱发汗解表为佐药；大草补脾益气、清热解毒、祛痰止咳、缓急止痛、调和药物为使药。诸药合用共奏疏风解表透邪之功。

【药物性能与现代研究】

干葛　性味、归经、功效、现代研究见"猪肿腰子症"。

绿升麻　即升麻，为毛茛科植物大三叶升麻、兴安升麻或升麻的干燥根茎。性味辛、甘，微寒。归肺、脾，胃、大肠经。具有发表透疹、清热解毒、升举阳气的功效。用于治疗风热头痛、麻疹不透等。现代研究表明，本品含升麻素、升麻苷、升麻碱、阿魏酸、异阿魏酸、齿阿米醇、咖啡酸等。升麻中的活性成分对多种人体肿瘤细胞有良好的抑制作用；阿魏酸、异阿魏酸、咖啡酸、升麻苷等成分具有抗炎作用。具有保肝、减轻腹泻、解热、抗血小板聚集、清除自由基、解痉、镇静、降血压、抗惊厥作用。

陈皮　性味、归经、功效、现代研究见"猪打摆子"。

大草　指优质甘草，性味、归经、功效、现代研究见"猪风火便结"。

川芎　性味、归经、功效、现代研究见"猪扯惊风症"。

紫苏　为唇形科植物紫苏的干燥茎、叶。性味辛，温。归肺、脾经。具有发汗解表、行气宽中的功效。用于治疗脾胃气滞、胸闷、呕恶及风寒表证，见恶寒、发热、无汗等。现代研究表明，本品主要成分为挥发油，含量较高的是紫苏醛，此外还含有黄酮及其苷类化合物（如紫苏苷、木樨草素等）以及无机元素、维生素等。具有镇静、镇痛解热、止咳、抑菌、消炎、抗过敏等作用。

白芷　性味、归经、功效、现代研究见"猪受风寒湿卧症"。

赤芍　为毛茛科植物芍药或川赤芍的干燥根。性味苦，微寒。归肝经。具有清热凉血、散瘀止痛的功效。用于治疗温毒发斑、吐血衄血、目赤肿痛、肝郁胁痛、症瘕腹痛、跌扑损伤、痈肿疮疡等。现代研究表明，本品含芍药苷、氧化芍药苷、丹皮酚、芍药甲素、右旋儿茶精及挥发油等。具有抗凝、抗血栓、扩张冠状动脉血管、抗心肌缺血、降血脂、抗动脉硬化、抗氧化、抗肿瘤、抗炎、抗内毒素、保肝、镇静、抗惊厥等作用。

麻黄　性味、归经、功效、现代研究见"猪扯惊风症"。

香附　性味、归经、功效、现代研究见"猪风瘫症"。

姜　性味、归经、功效、现代研究见"猪扯惊风症"。

葱　性味、归经、功效、现代研究见"猪受风寒湿卧症"。

【用法用量】

根据猪体大小确定适量干葛、绿升麻、陈皮、大草、川芎、紫苏、白芷、赤芍、麻黄、香附，与姜葱熬水，候温灌服。

猪瘟疫火热内实

【原文】

【原文】

猪瘟疫火热内实

治法　生大黄四两、芒硝三合、小枳实五合、厚朴一两，四味共煎，三灌得痊。

【词解】

瘟疫：瘟疫是由于一些强烈致病性微生物，如细菌、病毒引起的传染病。现存最早的中医古籍《黄帝内经》也有记载。如《素问·刺法论》指出："五疫之至，皆向染易，无问大小，病状相似……正气存内，邪不可干，避其毒气。"《丹溪心法·瘟疫五》："瘟疫，众人一般病者是，又谓之天行时疫。"其发病急剧，证情险恶。若疠气疫毒伏于膜原者，初起可见憎寒壮热，旋即但热不寒，头痛身疼，苔白如积粉，舌质红绛，脉数等；治以疏利透达为主，用达原饮、三消饮等方。若暑热疫毒，邪伏于胃或热灼营血者，可见壮热烦躁，头痛如劈，腹痛泄泻，或见衄血、发斑、神志皆乱、舌绛苔焦等；治宜清瘟解毒，用清瘟败毒饮、白虎汤合犀角升麻汤等方。

内实：指里热实证，证名。多由于外感六淫（风、寒、暑、湿、燥、火）与时行邪气所致，致阳明腑实证。患畜可表现为食欲减少、口渴喜饮、鼻衄出血、体热烦躁、便秘尿少、尿血便血、舌红苔黄、脉实滑数等。

【病因病机】

外感六淫（风、寒、暑、湿、燥、火）的火，或伤寒邪传阳明之腑，入里化热，与肠中燥屎相结而成。患畜可表现为发潮热、大汗出、食欲减少、口渴喜冷饮、体热烦躁。热邪积于大肠，内生燥风，肠涩便难，属里实热证。

【治则】

清热、通肠、泻下。

【方解】

此方为大承气汤，大黄泻热通便，荡涤肠胃，为主药；芒硝助大黄泻热通便，并能软坚润燥，为辅药；二药相须为用，峻下热结之力甚强；积滞内阻，则腑气不通，故以厚朴、枳实行气散结、消痞除满，并助硝、黄推荡积滞以加速热结之排泄，共为佐使。诸药合用共奏清热、通肠、泻下之功。

【药物性能与现代研究】

生大黄　性味、归经、功效、现代研究见"猪风火便结"。
芒硝　性味、归经、功效、现代研究见"猪尿结症"。
小枳实　即枳实，为芸香科植物酸橙及其栽培变种或甜橙的干燥幼果。性味苦、辛、酸，微寒。归脾、胃、肝、心经。具有破气消积、化痰散痞的功效。主治积滞内停、痞满胀痛、大便秘结、泻痢后重、胃下垂、子宫脱垂、脱肛等。现代研究表明，本品含橙皮苷、橙皮素、柚皮苷、柚皮素、新橙皮苷、柚皮芸香苷、红橘素、辛弗林、腺苷、胡萝卜素、核黄素、γ-氨基丁酸等。具有调节肠胃运动、调节子宫机能、升血压、强心、抗氧化、抗菌、镇痛、抗血栓等作用；还具有抗溃疡、利胆、利尿、抗过敏等作用。

厚朴　性味、归经、功效、现代研究见"猪打摆子"。

【用法用量】

取处方量生大黄、厚朴、芒硝、小枳实，四味共煎煮，候温灌服，灌三次。

彘 子 欠 月

【原文】

彘子欠月

治法　杜仲八两，糯米汤浸透，炒研细；续断二两，酒浸山药六两；三味共为末，每用一两，米汤和喂，可保效验如神。

【词解】

彘子：小猪，泛指一般的猪。《孟子·梁惠王上》：鸡豚狗彘。

欠月：时间不够、欠缺，即早产。此时娩出的新生儿称早产儿。

【病因病机】

常因母体素虚或饲养不当，气血不足，冲任失养，不能养胎所致。属里虚证。

【治则】

补虚保胎。

【方解】

杜仲补肝肾、强筋骨、安胎为主药；续断补肝肾、强筋骨为辅药；山药滋养强壮、助消化、敛虚汗、止泻为佐药；米汤滋阴长力为使药。诸药合用共奏补虚保胎之功。

【药物性能与现代研究】

杜仲　为杜仲科植物杜仲的干燥树皮。性味甘，温。归肝、肾经。具有补肝肾、强筋骨、安胎的功效。用于治疗肝肾不足、腰膝酸痛、筋骨无力、头晕目眩、妊娠漏血、胎动不安。现代研究表明，本品含木脂素类、环烯醚萜类、苯丙素类、黄酮类、糖类、甾萜类、杜仲胶、酚苷类、微量元素及氨基酸等。杜仲主要有降压、降血脂、降血糖、抗菌、抗病毒、抗氧化、抗疲劳、抗肿瘤、增强免疫功能、补肾、强筋健骨及安胎、镇静催眠等作用。

糯米　为禾本科植物稻（糯稻）的去壳种仁。性味甘，温。入脾、胃、肺经。具有补中益气、健脾养胃、止虚汗之功效。主治脾胃虚寒泄泻、霍乱吐逆、消渴尿多、自汗、痘疮、痔疮等。现代研究表明，本品含有硫胺素、核黄素、尼克酸、蛋白质、脂肪、糖类、钙、磷、铁等。具有提高血清胃泌素含量、缓解腹胀腹泻、收涩、补骨健齿等作用。

续断　为川续断科植物川续断或续断的根。性味苦、辛，温。归肝、肾经。具有补肝肾、强筋骨、续折伤等功效。用于治疗腰膝酸软、风湿痹痛、崩漏、胎漏、跌扑损伤等。其中酒续断多用于风湿痹痛、跌扑损伤，盐续断多用于腰膝酸软。现代研究表明，续断含生物碱、挥发油、三萜皂苷等，有抗菌消炎、增强免疫功能、抗氧化、抗衰老、促进骨折愈合及促成骨细胞增殖、抑制子宫平滑肌收缩等作用。

山药 为薯蓣科植物薯蓣的干燥根茎。性味甘，平，无毒。归脾、肺、肾经。具有滋养强壮、助消化、敛虚汗、止泻的功效。主治脾虚腹泻、肺虚咳嗽、糖尿病消渴、小便短频、遗精、母畜带下及消化不良的慢性肠炎。现代研究表明，山药中主要含有山药多糖、薯蓣皂苷元、皂苷、黏液质、氨基酸及淀粉等。具有降血糖、降血脂、抗氧化、抗衰老、调节脾胃、护肝、调节免疫功能、抗肿瘤、防突变等作用。

米汤 性味、归经、功效、现代研究见"猪烂心肺症"。

【用法用量】

用糯米汤将八两杜仲浸透，炒后研为细末，续断二两、酒浸山药六两共同研成细末，三药混合，每次用一两，加米汤和喂。

猪胀肚子症

【原文】

猪胀肚子症

治法　大蒜捣泥，入蛤粉为丸；紫菀一两、半夏二两、大戟七合，多熬水和丸。灌下自安然，百法百中。

【词解】

胀：①膨胀。②身体内壁受到压迫而产生不舒服的感觉。

肚子：①指人和其他动物的胃。②腹部的俗称。

合：此处"合"应为误刊，一是大戟用根，不以容量计，二是大戟毒性大，故应改为"钱"。

【病因病机】

由于饲养管理不当，饱伤胃府或饮喂不洁的饲料、饮水、霉变饲料损伤胃府，脾胃运化失常，不能运化水谷精微与水湿，致食欲不振，水湿泛滥，或气滞肚胀。属脾虚证。

【治则】

健脾胃，消胀。

【方解】

方中大蒜行滞气、暖脾胃、消积为主药；半夏燥湿化痰、降逆和胃止呕、消痞散结，紫菀润肺降气、行气宽中为辅药；蛤粉化痰利湿、制酸，大戟利水消肿、消肿散结为佐使药。诸药合用共奏健脾胃、消胀之功。

【药物性能与现代研究】

大蒜　为百合科植物大蒜的鳞茎。性味辛，温。入脾、胃、肺经。具有行滞气、暖脾胃、消症积、解毒、杀虫的功效。主治饮食积滞、脘腹冷痛、水肿胀满、泄泻、痢疾、疟疾、百日咳、痈疽肿毒、白秃癣疮、蛇虫咬伤等。现代研究表明，本品含挥发油、蒜氨酸、大蒜素、环蒜氨酸、脂类和多种低聚肽类等。具有抗菌或杀菌、抗炎、抗癌、抗血小板凝集、增强吞噬细胞功能、降低血清胆固醇浓度、提高纤维蛋白溶解活性、降血压、兴奋子宫等作用。

蛤粉　为帘蛤科动物文蛤或青蛤的贝壳研磨而成的细粉。性味咸，寒。归肺、肾、肝经。具有清热、利湿、化痰、软坚的功效。主治胃痛、痰饮喘咳、水气浮肿、小便不通、遗精、白浊、崩中、带下、痈肿、瘿瘤、烫伤。现代研究表明，蛤粉主含碳酸钙、甲壳质等。蛤粉对多种球菌和病毒均有抑制作用，能促进黏膜溃疡创面愈合，并有燥湿的作用。

紫菀　为菊科植物紫菀的干燥根及根茎。性味辛、甘、苦，温。归肺经。具有润肺下气、化痰止咳的功效。主治新久咳嗽、痰多喘咳、痰中带血等。肺与大肠相表里，故其降肺气通调大肠气机，行气宽中。现代研究表明，本品含紫菀酮、紫菀苷、紫菀皂苷、紫菀五肽；还含植物甾醇葡萄糖苷及挥发油，挥发油的成分有毛叶醇、乙酸毛叶酯、茴香脑等。紫菀水煎剂、醇提物具有镇咳、平喘、祛痰的作用。紫菀还具有抗菌、抗肿瘤、抗氧化、通便利尿等多种作用。

半夏 性味、归经、功效、现代研究见"猪病疟症"。

大戟 为大戟科植物大戟的干燥根。性味苦、辛，寒，有毒。归肺、脾、肾经。具有逐饮、消肿散结的功能。主治水肿、胸腹积水、痰饮积聚、二便不利、痈肿、瘰疬。现代研究表明，大戟根含三萜类成分大戟酮、生物碱、大戟色素体、树胶、树脂等。具有增加肠蠕动、提高平滑肌张力、泻下、抑菌、利尿等作用。

【用法用量】

将大蒜捣泥，加入蛤粉做成丸；取处方量紫菀、半夏、大戟熬水，与丸一起灌下。

猪阴症脱肛

【原文】

猪阴症脱肛

治法 伏龙肝、鳖头骨、五倍子，为末掺之。先以紫苏熬水，洗猪肛门。

【词解】

阴症："症"是指疾病的某一临床症状，如腹胀、泄泻等，此处应为"证"，即"阴证"。阴证是对一般疾病的临床辨证，指阴阳属性归类，分"阴证"与"阳证"。凡属于慢性的、虚弱的、静的、抑制的、功能低下的、代谢减退的、退行性的、向内的证候，都属于阴证。

脱肛：即直肠脱垂，是指肛管、直肠向下移位突出于肛门外的一种病理状态。仅黏膜下脱是不完全脱垂，直肠全层下脱为完全脱垂。脱垂部分位于直肠内称内脱垂，脱出肛门外则称外脱垂。脱肛的中医证型包括脾虚气陷证和湿热下注证两种。

【病因病机】

本证为阴证，多由于畜体素虚或中气不足，脾气不升而下陷，无以摄纳，故见直肠脱出，肛门坠胀；中气不足，则疲乏无力；脾气亏虚，运化无力，则食欲不振；舌淡、苔白、脉弱均为气虚之象。属里虚寒证。

【治则】

温中健脾，升提固涩。

【方解】

伏龙肝温中和胃、止泻、止血为主药；鳖头骨滋阴补肾、清热消瘀、健脾健胃，五倍子敛肺降火、涩肠止泻、收湿敛疮为辅药；紫苏发表散寒、理气和中为佐使药。诸药合用共奏温中健脾、升提固涩之功。

【药物性能与现代研究】

伏龙肝　别名灶心土、灶心黄土、釜下土、釜月下土、灶中土、灶内黄土、灶心土；是经多年柴草熏烧而结成的灶心土。性味辛，微温，无毒。归脾、胃、肝经。具有温中和胃、止泻、止血之功效。用于治疗胃寒呕吐、腹痛泄泻、妊娠恶阻、吐血、便血、月经过多等症。现代研究表明，本品主要由硅酸、氧化铝及三氧化二铁所组成，还含有氧化钠、氧化钾、氧化镁、氧化钙、磷酸钙等。具有止吐、止泻、收敛止血等作用。

鳖头骨　性味甘，平。归肝、肾经。现代临床案例表明，鳖头骨研磨成细末，外敷用于治疗小儿脱肛，一般使用2～4次即可痊愈。

五倍子　为漆树科植物盐肤木、青麸杨或红麸杨叶上的干燥虫瘿，主要由五倍子蚜寄生而形成。性味酸、涩，寒。归肺、大肠、肾经。具有敛肺降火、涩肠止泻、敛汗止血、收湿敛疮等功效。主治肺虚久咳、久泻久痢、便血痔血、痈肿疮毒、皮肤湿烂等症。现代研究表明，本品含五倍子鞣质、没食子酸、五倍子油、树脂、脂肪、蜡质、淀粉等。五倍子中的鞣酸与皮肤黏膜溃疡接触后，使组织蛋白凝固沉淀，形成一层被膜，从而减少血液的分泌和渗出，使血液更容易凝固从而达到止血的功效。五倍子内服，鞣酸可减轻肠道炎症，故可制止腹泻；外用时，还能治疗多种疾病，其中包括盗汗、软组织损伤以及烧烫伤和外伤出血等。五倍子煎剂及提取物具有抗菌、抗病毒、降血糖、解毒等作用。

紫苏 性味、归经、功效、现代研究见"猪时行感冒"。

【用法用量】

先用紫苏水清洗猪的肛门、直肠外脱部分，再将适量伏龙肝、鳖头骨、五倍子研成细末外敷于脱出部分。

猪阳症脱肛

【原文】

猪阳症脱肛

治法　地龙蚓一两、风化硝二两，二味为末。见肿消、荆芥、生姜、葱白，浓煎水洗后，掺末。

【词解】

阳症：即阳证，阳气盛，故气高而喘。阳主热，故口鼻气热。阳气热，故身热，阳热入里，故心烦，口舌干燥而喜饮，小便短赤。

【病因病机】

本证为阳证，因饮喂失节，或感染湿热毒邪，湿热蕴蓄胃肠，下迫肛门；或长期便秘，导致直肠脱出，如久未还纳则气血不畅，肛门或脱出直肠肿胀、灼热、疼痛；舌红、苔黄腻，脉滑数。属里热湿证。

【治则】

清热、利湿、消肿。

【方解】

风化硝性味咸、苦、寒，泻热通便、润燥软坚、清火消肿为主药；地龙蚓性味咸、寒，清热平肝、止喘通络为辅药。二药合用共奏清热利湿消肿之功。见肿消、荆芥解表透疹、止血，生姜解表、降逆止呕、化痰止咳，葱白发汗解表、通阳利尿，外洗。

【药物性能与现代研究】

地龙蚓　即蚯蚓，俗称曲蟮、地龙。性味、归经、功效、现代研究见"猪尿结症"。

风化硝　即风化后的芒硝，又称玄明粉。质地较净，泻下缓和，入煎剂多冲服，或吹喉用。性味、归经、功效、现代研究见"猪尿结症"。

见肿消　见于《本草纲目》，又名绿葡萄、五爪金、五爪龙、山葡萄、玉葡萄、大接骨丹、赤葛、赤木通。但是用此名字的中药有数种，其中白蔹是葡萄科蛇葡萄属的木质藤本植物。白蔹性味苦，微寒。归心、胃经。具有清热解毒、消痈散结、敛疮生肌的功效。用于治疗痈疽、疔疮、瘰疬、烧烫伤。现代研究表明，白蔹主要含黏液质和淀粉、酒石酸、龙脑酸及其糖苷、脂肪酸和酚性化合物等。具有抗菌、抗肿瘤、抗肝毒素、抗脂质过氧化等作用。

荆芥　为唇形科植物荆芥的干燥地上部分。性味辛、微苦，微温。归肺、肝经。具有解表透疹、止血的功效。主治感冒发热、头痛、目痒、咳嗽、咽喉肿痛、麻疹、痈肿、疮疥、衄血、吐血、便血、崩漏、产后血晕。用于感冒、头痛、麻疹、风疹、疮疡初起。现代研究表明，荆芥全草含挥发油，其中主成分是右旋薄荷酮，还有右旋柠檬烯、左旋胡薄荷酮等，另含荆芥苷、芹菜素-7-葡萄糖苷、香叶木素、咖啡酸等。具有解热、镇痛、止血、抗菌、抗炎等作用。

生姜　性味、归经、功效、现代研究见"猪扯惊风症"。

葱白　为百合科植物葱的鳞茎。性味、归经、功效、现代研究见"猪受风寒湿卧症"。

【用法用量】

内外用药。将地龙蚓一两、风化硝二两一起研末；用见肿消、荆芥、生姜、葱白适量，煎煮成浓汁洗脱出部分，洗净后外敷地龙蚓、风化硝末。

猪 多 虱 症

【原文】

猪多虱症

治法　鹤虱草、蛇床子，二味为末。牛皮熬胶，煎水调搽，其虱化完。

【词解】

虱：是鸟类和哺乳动物的体外寄生虫，其发育各期都不离开宿主。虱体小、无翅，背腹扁平，足末端具有特殊的攫握器。

多虱症：即寄生虱较多。中医书籍《普济方》有虱症一说。

【病因病机】

多由于饲养管理不当，饮喂不洁饲草饲料、环境污秽而感染，寄生虫寄生于体表，易致猪皮肤瘙痒、破损。

【治则】

驱虫、解热、消肿。

【方解】

鹤虱草杀虫消积、止痒为主药；蛇床子温肾壮阳、燥湿祛风、杀虫为辅药。牛皮熬胶，利水消肿、解毒，用水煎制会变得黏稠，增加了药物的黏附作用，协助其他药物更好地杀灭体外皮肤寄生虫，为佐使药。诸药合用共奏驱虫、解热、消肿之功。

【药物性能与现代研究】

鹤虱草　即鹤虱，为菊科植物天名精的成熟果实。性味苦、平，小毒。归脾、胃、大肠经。具有杀虫消积、止痒的功效。治蛔虫、钩虫、绦虫、蛲虫病及虫积腹痛、小儿疳积。现代研究表明，鹤虱含挥发油，其主要成分为天名精内酯、天名精酮等，也含缬草酸、豆甾醇等。在体外，鹤虱煎剂对鼠蛲虫、酊剂对犬绦虫有抑制作用；对皮肤有一定的消毒和抑菌（大肠埃希菌、葡萄球菌）作用。天名精内酯对小鼠先呈短暂兴奋作用，随即镇静，四肢弛缓麻痹；对大鼠有抑制脑组织呼吸作用；对兔有降温、降血压作用。

蛇床子　为伞形科植物蛇床的平燥成熟果实。性味苦，温。归肾、脾经。具有温肾壮阳、燥湿祛风、杀虫的功效。现代研究表明，蛇床子含挥发油，其主要成分为左旋蒎烯、左旋莰烯、欧芹酚甲醚、桉叶醇、异戊酸龙脑酯等；又含蛇床子素、甲氧基欧芹酚、当归素、异茴芹香豆素、欧芹素乙、蛇床酚、欧前胡内酯、花椒毒素等。具有抑菌、止痒、镇静、催眠、抗心律失常、扩张血管、降血压、保护心血管、降血脂、抗肿瘤及抑制血栓形成等作用。

牛皮　又名黄明胶，为牛科动物牛或水牛的皮。性味咸，平。归肺、膀胱经。具有利水消肿、解毒的功效。主治水肿、腹水、尿少、痈疽疮毒等。牛皮熬制成胶后，能滋阴润燥、养血止血，可用于治疗体虚便秘。《本草拾遗》谓之："疗风，止泻，补虚"。现代研究表明，牛皮含多种氨基酸，也有少量的钙。具有增加血红蛋白含量、补血、抗疲劳、提高机体免疫力等作用。

【用法用量】

取适量鹤虱草、蛇床子，一起研磨为末，牛皮熬成胶状物，混合煎水调搽于体表。

猪生癞子症

【原文】

猪生癞子症

治法　苍耳子、青蒿、忍冬藤、艾叶、桑树条、槐（树）条、柳树条，捣碎熬水，入炒盐一两，热水洗数次。

【词解】

生：生的本义是草木破土萌发，后引申为从无到有、出现，以及母体产子、生育；还有发生、发动之意，如生病。

癞子症：是由于疥螨寄生而引起的一种慢性皮肤病。

【病因病机】

多由于畜体正气素虚，肌肤腠理失于固护，加之管理不当、环境污秽，风热邪毒侵袭头部、肌肤，或内有湿热蕴结，蕴久而虫生，虫毒侵于皮肤，日久则肌肤皮毛失养而致病。属于风湿热证。热入血分，致血液虚少，不足以养皮肤，热性炎上，以致痒；风热束表，消耗津液，以致皮肤干枯。

【治则】

清热凉血，祛风散热，止痒。

【方解】

苍耳子散风寒、通鼻窍、祛风湿、杀虫，青蒿清透虚热、凉血除蒸、解暑截疟、杀虫为主药；槐（树）条散瘀止血、清热燥湿、祛风杀虫，柳树条祛风利湿、解毒消肿止痒，桑树条祛风湿、利关节、行水气、除湿止痒，忍冬藤解毒、疏风通络，为辅药；艾叶制性存用，外用祛湿止痒为佐药；炒盐泻热通便、解毒引吐、滋阴凉血、消肿止痛、止痒为使药。诸药合用共奏清热凉血、祛风散热、止痒之功。

【药物性能与现代研究】

苍耳子　为菊科植物苍耳的干燥成熟带总苞的果实。性味苦、甘、辛，温。归肺、肝经。具有散风寒、通鼻窍、祛风湿、杀虫的功效。用于治疗风寒头痛、鼻塞流涕、鼻衄、鼻渊、风疹瘙痒、湿痹拘挛。现代研究表明，苍耳子含苍耳子苷、树脂、脂肪、生物碱、维生素及色素等。具有抗菌、抗病毒、抗炎、抗过敏、镇痛、降血糖、降血压、降血脂和抗肿瘤等作用，为治疗鼻渊头痛的要药。

青蒿　为菊科植物黄花蒿的全草。性味苦、辛，寒。归肝、胆、三焦、肾经。具有清透虚热、凉血除蒸、解暑截疟、杀虫的功效。用于治疗暑邪发热、阴虚发热、夜热早凉、骨蒸劳热、疟疾寒热、湿热黄疸。现代研究表明，本品含青蒿素，青蒿甲、乙、丙、丁、戊素，青蒿酸、蒿酸甲酯、青蒿醇；并含挥发油，油中主要成分为蒿酮、异青蒿酮、1,8-桉油精、丁香烯，另含绿原酸、胆碱、鞣质等。具有抗疟疾、抑菌、解热、抑制体液免疫亢进、促进细胞免疫等作用。

忍冬藤　为忍冬科植物忍冬的干燥藤茎。性味甘，寒。归肺、胃经。具有清热解毒、疏风通络的功效。用于治疗温病发热、热毒血痢、痈肿疮疡、风湿热痹、关节红肿热痛等。现代研究表明，忍冬藤叶含忍冬素、忍冬苷、木樨草素、番木鳖苷等；茎含鞣质、生物碱。具有解痉、抗菌、抗炎、降低血胆固醇等作用。

艾叶　为菊科植物艾的干燥叶。性味辛、苦，温。归肝、脾、肾经。具有温经止血、散寒止痛功效；外用祛湿止痒。用于治疗吐血、衄血、崩漏、月经过多、胎漏下血、少腹冷痛、经寒不调、宫冷不孕，外治皮肤瘙痒。醋艾炭温经止血，用于治疗虚寒性出血。现代研究表明，本品含挥发油，内含桉叶素、β-丁香烯、松油烯醇、芳樟醇、蒿属醇、樟脑、龙脑等。具有抗菌、抗病毒、平喘、利胆、止血、抗过敏、镇静、镇咳、祛痰、兴奋子宫、增加冠状动脉血流量等作用。

桑树条　即桑枝，为桑科植物桑的嫩枝。性味甘、微苦、平。归肺、脾、肝经。具有祛风湿、利关节、行水气的功效。主治风寒湿痹、四肢拘挛、脚气浮肿、肌体风痒。现代研究表明，桑枝主要含有多糖、黄酮类化合物、香豆精类化合物、生物碱，还含有挥发油、氨基酸、有机酸及各种维生素等。具有抗炎、抗菌、抗病毒、抗癌、降血糖、降血脂、提高机体免疫力等作用。

槐（树）条　即槐枝，为豆科植物槐的嫩枝。性味苦平，无毒。归心、肝经。具有散瘀止血、清热燥湿、祛风杀虫的功效。主治崩漏、赤白带下、痔疮、阴囊湿痒、心痛、目赤、疥癣。现代研究表明，槐枝皮中含槲皮素、山柰酚、染料木素、槐属双苷、槐属苷、染料木苷等。槐枝的主要药理活性成分为黄酮类化合物，其中以芦丁和槲皮素为主。具有降低毛细血管通透性和脆性、抗炎、抗过敏、抗病毒、抗癌、解痉、镇痛、镇咳、降血脂、降血压、抗氧化、抗血小板凝集和血栓形成、增强免疫功能、抗疲劳和耐缺氧等多种作用。

柳树条　即柳枝，为杨柳科植物柳的嫩枝。性味苦，寒。归胃、肝经。具有祛风利湿、解毒消肿的功效。主治风湿痹痛、淋病、白浊、小便不通、传染性肝炎、风肿、疔疮、丹毒、齿龋、龈肿。现代研究表明，柳枝木质部含水杨苷，可用作苦味剂，4%～10%浓度可用于局部麻醉。

盐　性味、归经、功效、现代研究见"猪尿黄将结症"。

【用法用量】

取苍耳子、青蒿、忍冬藤、艾叶、桑树条、槐树条、柳树条等药材适量，捣碎后熬水，加炒盐一两，趁热清洗数次。

猪 咳 喘 症

【原文】

猪咳喘症

治法　白藓皮、猪肝、肺尖，同煎喂下，又鸡蛋一枚，炖熟喂之。又方：虫线三条，入鸡蛋，烧熟食之。

【词解】

咳：病名。出自《素问·咳论》。外感六淫，内伤七情，皆可致咳。

喘：古称上气、喘息，一般通称气喘。指以呼吸急促为特征的一种病症。简称喘，亦称"喘逆""喘促"。

咳喘：是肺病的主要症状。咳喘的病因有外感内伤之别，病机有寒热虚实之分。咳喘与痰密切相关，咳喘每多夹痰，痰也往往导致咳喘。古人认为：有声无痰为咳，无声有痰为嗽，有声有痰为咳嗽。

【病因病机】

咳嗽可由外感内伤所致，外邪风寒暑湿袭于皮毛和腠理，卫气不固而传于肺经，邪气郁于肺，阻碍肺的宣发肃降，引起咳嗽，郁久发热，易导致伤阴，肺燥咳喘，久病伤气易导致气虚咳喘；五脏六腑之邪（七情饥饱）上逆于肺，亦可致病。临床常见风寒咳嗽、风热咳嗽、肺热咳嗽、肺黄咳嗽、肺痈咳嗽、肺虚咳嗽等，本症属本虚标实证。

【治则】

扶正祛邪，清肺热，止咳喘。

【方解】

方一：白藓皮清热燥湿、解毒祛风为主药；猪肝补肝明目、增津液、养血，肺尖止咳、补虚、补肺为辅药；鸡蛋补气、润肺利咽、清热解毒为佐使药。诸药合用共奏扶正祛邪、清肺热、止咳喘之功。

方二：虫线清热、平肝、止喘、通络为主药；鸡蛋补气、润肺利咽、清热解毒为辅药。二者合用共奏扶正祛邪、止咳喘之功。

【药物性能与现代研究】

白藓皮　为芸香科植物白藓的根皮。性味苦咸，寒。入脾、胃经。具有清热燥湿、解毒、祛风止痒的功效。主治风热疮毒、疥癣、皮肤痒疹、风湿痹痛、黄疸。《药性论》：治一切热毒风、恶风、风疮、疥癣赤烂、眉发脱脆、皮肌急，壮热恶寒；主解热黄、酒黄、急黄、谷黄、劳黄等。现代研究表明，白藓根含白藓碱、白藓内酯、谷甾醇、黄柏酮酸、胡芦巴碱、胆碱、栎皮酮；尚含菜油甾醇、茵芋碱、γ-崖椒碱、白藓明碱。具有抑制多种病原真菌、增强心肌张力、促进子宫平滑肌收缩、增强肾上腺素升压作用、解热、抗癌、解痉等作用。

猪肝　即猪的肝脏。性味甘、苦，温。归肝经。具有补肝明目、养血的功效。用于治疗血虚萎黄、夜盲、目赤、浮肿、脚气等。现代研究表明，猪肝含蛋白质、脂肪、糖类、钙、铁、磷、烟酸及多种维生素等。具有补血、维持正常生长和生殖机能、维持正常视力、增强免疫力、抗氧化、抗衰老、抑制肿瘤细胞产生、调节肝细胞代谢、促进肝细胞形态和功能恢复等作用。

肺尖　即猪肺尖。性味甘，平。归肺经。具有止咳、补虚、补肺之功效。现代研究表明，猪肺含蛋白质、脂肪、钙、磷、铁、维生素等。具有减轻肺损伤、扩张血管、降低血压等作用。

鸡蛋　性味甘，平。归心、肾经。蛋清甘，凉；蛋黄甘，微温。具有滋阴养血、润燥安胎之功效。鸡蛋清能润肺利咽、清热解毒，适宜咽痛音哑、目赤、热毒肿痛者食用。鸡蛋中富含胆固醇，蛋清主要含有卵白蛋白，还含有一定量的核黄素、尼克酸、生物素和钙、磷、铁等物质。蛋黄主要组成物质为卵黄磷蛋白，另含丰富的脂肪、维生素 A 和维生素 D，以及铁、磷、硫和钙等矿物质。具有促进肝组织修复、增强代谢和免疫功能、健脑益智等作用。

虫线　即蚯蚓，俗称曲蟮，中药称地龙。性味、归经、功效、现代研究见"猪尿结症"。

【用法用量】

将白藓皮、猪肝、肺尖适量，一同煎煮，加入鸡蛋一枚，炖熟后喂下。又方：将虫线三条，加入鸡蛋，烧熟后喂下。

彘 食 己 子

【原文】

彘食己子

治法　以烫猪毛水去渣半瓢，灌之。又方：以猪己窝下屎，焙干研末吹鼻。

【词解】

彘：猪。

彘食己子：指母猪分娩后，将自己的幼仔吃掉的行为。这属于猪的异食行为之一，多为脾虚，缺乏营养物质如维生素、微量元素，特别是蛋白质所引起，也是母猪母性较差的表现。

【病因病机】

由于脾虚，运化失常，往往出现异食。另外，脾胃湿滞，郁而不宣，郁久化热，热蕴中州，气机紊乱，亦可出现异食症。属脾虚证。或母猪母性较差所致。

【治则】

健脾补虚。

【方解】

猪毛补充微量元素，达到健脾补虚的作用。

【药物性能与现代研究】

猪毛　性味涩，平。归肺、脾、肝经。具有止血、敛疮等功能。主治崩漏、烧烫伤等。猪毛的主要成分是角蛋白，约占整个毛发的95％左右。角蛋白是由约20种氨基酸形成的氨基酸链组成，包括胱氨酸、蛋氨酸、亮氨酸、缬氨酸、苏氨酸、苯丙氨酸、赖氨酸、组氨酸、色氨酸、异亮氨酸等，其中胱氨酸的含量最高。猪毛中还含有约20多种的微量元素，主要包括锌、钙、锰、镉、汞、硒、铜、钴、铁、钛、钼、镍等；尚含少量的水分及其他成分。可通过烫猪毛水的特殊气味让猪产生不愉快的感觉从而纠正其食仔之癖。

猪屎　猪屎中含有挥发性脂肪酸（乙酸、丙酸、丁酸、3-甲基丁酸、戊酸）、酚类物质（苯酸、4-甲基苯酚、4-乙基苯酚）、吲哚类物质（吲哚、粪臭素）及硫化物四类挥发性成分，具有强烈的刺激性，通过特殊气味的刺激可以纠正母猪食仔的不良行为。

【用法用量】

用热水烫适量猪毛后，过滤去渣，得水半瓢，灌服。

或用猪当日的粪便，焙干以后研末、吹鼻，通过异味刺激避免食仔行为。

猪食豇豆起病

【原文】

猪食豇豆起病

治法　萝蔔熬热汤，一喂解即安，倘若症稍减，连进二剂康。千试千灵。

【词解】

豇豆：俗称角豆、姜豆、带豆、挂豆角。为豆科植物豇豆的种子。

萝蔔：即萝卜。

起病：即生病。

【病因病机】

一是食用过多豇豆，脾胃运化功能失常，导致胃肠不通畅，胀气而生病；二是生豇豆中含有两种对机体有害的物质：溶血素和毒蛋白。食用生豇豆或未炒熟的豇豆容易引起中毒。毒素进入胃肠，而脾主运化，胃朝百脉，小肠分泌清浊，致毒素随血行进入全身，使全血胆碱酯酶活力下降，不能分解乙酰胆碱，出现呕吐、腹泻等中毒现象。属于杂病类。

【治则】

解毒、消胀。

【方解】

萝卜具有消积滞、化痰清热、下气宽中、解毒、润肠通便等作用。此病为气滞食积的轻症，故单用萝蔔一味即可奏效。

【药物性能与现代研究】

萝卜　又名莱菔，为十字花科植物萝卜的根茎。性味甘，凉。归脾、胃、肺经及大肠经。具有消积滞、化痰清热、下气宽中、解毒等功效。主治食积胀满、痰嗽失音、吐血、衄血、消渴、痢疾、偏头痛等。现代研究表明，萝卜中含蛋白质、胡萝卜素、碳水化合物、芥子油、挥发油、维生素、粗纤维、钙、铁等。具有促进胃肠蠕动、降血脂、降血压、软化血管、提高巨噬细胞的吞噬功能、增强机体免疫力、抑制癌细胞、解毒等作用。

【用法用量】

将萝卜适量熬热汤，候温服用。倘若症状稍减轻，可以再喂服二剂。

猪食毒草病症

猪食毒草病症

治法　毒草食成病，豇豆煮汁应。百毒一剂解，顷刻效如神。屡试屡验。

【词解】

毒草：即对机体健康有害的植物，在自然状态下以青饲或干草形式被家畜采食后，可引起生理异常或功能障碍性中毒，轻则影响正常生活，重则导致死亡。

【病因病机】

食入毒草后，毒素进入胃肠，而脾主运化，胃朝百脉，小肠分泌清浊，致毒素随血行进入全身，损伤阳气而导致中毒或死亡。毒草所含有毒物质主要为生物碱、毒蛋白、挥发油和有机酸等，其毒性大小因环境条件、利用方式、食入数量、采食对象以及该类植物的生育阶段等而有差异。如乌头整个植株均含有乌头碱，各种家畜食下任何部分均可中毒，开花期毒性最大，晒干或青贮后毒性仍不消失，微量能治病，过量则引起中毒死亡。毛茛含有挥发性原白头翁素，干后毒性下降，对牛、羊毒性大，对马毒性小，食入量少时无明显危害，多则危害增大。

【治则】

解毒。

【方解】

豇豆具有理中益气、健胃补肾、和五脏、调颜养身、生精髓、止消渴、吐逆泻痢、解毒的功效，故能解毒。

【药物性能与现代研究】

豇豆　为豆科植物豇豆的种子。味甘、性平。归脾、胃经。具有理中益气、健胃补肾、和五脏、调颜养身、生精髓、止消渴、吐逆泻痢、解毒的功效。主治呕吐、痢疾、尿频等症。现代研究表明，豇豆含多种氨基酸及维生素，还含一种能抑制胰蛋白酶和糜蛋白酶的蛋白质。嫩豇豆和发芽豇豆含抗坏血酸。豇豆有易于消化吸收的优质蛋白质，适量的碳水化合物及多种维生素、微量元素等，可补充机体所需营养。豇豆所含 B 族维生素能维持正常的消化腺分泌和胃肠道蠕动的功能，抑制胆碱酶活性，可帮助消化，增进食欲。豇豆中所含维生素 C 能促进抗体的合成，提高机体抗病毒的作用。豇豆的磷脂有促进胰岛素分泌，参加糖代谢的作用。

【用法用量】

用适量豇豆煎煮成汁服用。

猪　黄　膘　症

【原文】

猪黄膘症

治法　鲜茵陈一两（或作六两）、生大黄一两（酒炒）、生栀子十四枚，将药水熬浓，每日喂三次。

【词解】

黄膘：是指猪屠宰后其脂肪呈黄色。

猪黄膘症：又称猪黄脂病。猪产生黄膘的原因有多种，主要有两类：一类可能为色素所引起，一类可能系黄疸所致。饲喂过多的不饱和脂肪酸甘油酯，或维生素E不足，以致抗酸色素在脂肪组织中积聚。特别是大量饲喂鱼粉、鱼杂、鱼肝油副产品、蚕蛹等，都可发生黄脂病。猪有时表现食欲不振，增长缓慢，倦怠无力，黏膜苍白；有时发生跛行，眼有分泌物。屠宰后可见到肥膘及体腔内脂肪呈不同程度的黄色。其他组织器官无黄染现象。

【病因病机】

由于湿热郁蒸，寒湿内侵，脾运失健，致土壅侮木，加之热伤心血及津液，致水不涵木和心血不足不能养肝，肝阳偏亢，因肝胆互为表里，致邪留肝胆，胆道不通，胆汁外溢脏腑肌肤和腠理，发生黄疸，出现可视黏膜、皮下脂肪、组织液、关节囊液及其内脏等均呈黄色。可视黏膜黄而鲜明，体热等属阳黄；可视黏膜黄色，晦暗如烟熏状，畏寒属阴黄。所用方药为清热利湿药，故本证所致的病为阳黄，属里湿热证。

【治则】

清利肝胆，除湿退黄。

【方解】

此方为茵陈蒿汤，方中鲜茵陈清热利湿、退黄为主药；生大黄攻积滞、清湿热、泻火、凉血、祛瘀、解毒、泻下通便为辅药；生栀子泻火除烦、清热利湿、凉血解毒为佐使药。诸药合用共奏清利肝胆、除湿退黄之功。

【药物性能与现代研究】

鲜茵陈　为菊科植物滨蒿或茵陈蒿的幼嫩茎叶。性味苦、辛，微寒。归脾、胃、肝、胆经。具有清热利湿、退黄的功效。用于治疗黄疸、小便不利、湿疮瘙痒、传染性黄疸型肝炎等。现代研究表明，茵陈中含有茵陈二炔酮、香豆素、β-谷甾醇、茵陈色原酮、茵陈烯炔、茵陈醇、绿原酸等。茵陈可保护肝细胞膜，防止肝细胞坏死，促进肝细胞再生及改善肝脏微循环。茵陈色原酮、东莨菪内酯、茵陈黄酮、香豆素成分等对四氯化碳诱发的肝中毒具有对抗作用。茵陈还具有加速胆汁排泄、改善胆汁郁结、抗炎、镇痛、治疗心血管疾病、抑菌、抗肿瘤、减动脉粥样硬化、减少内脏脂肪沉积、降血脂、抗血小板聚集及缓解急性心肌缺血症状等作用。

生大黄　性味、归经、功效、现代研究见"猪风火便结"。

生栀子　为茜草科植物栀子的干燥成熟果实。性味苦，寒。归心、肺、三焦经。具有泻火除烦、清热利湿、凉血解毒的功效；外用消肿止痛。用于治疗热病心烦、湿热黄疸、淋证涩痛、血热吐衄、目赤肿痛、火毒疮疡；外治扭挫伤痛。现代研究表明，栀子含黄酮类栀子素、栀子苷、栀子次苷、京尼平苷、果胶、鞣质、藏红花素、藏红花酸、D-甘露醇、β-谷甾醇等。具有止血、保肝、解热、利胆、抗炎、抑菌、镇静等作用。

【用法用量】

将处方量鲜茵陈、生大黄、生栀子煎水熬浓，每日喂服三次。

猪受疫不食症

【原文】

猪受疫不食症

治法　苍术五钱（米泔浸）、厚朴一钱、陈皮二钱、炙草二钱、生姜二片、大枣三枚，煮喂。

【词解】

受：遭受……的侵害，即感染某病。

疫：指急性传染病。

不食：指动物不吃东西。

【病因病机】

本证多由于饲养管理不当，或感受风寒、寒湿内侵，或瘟疫毒邪内侵，伤脾胃，脾不运化，胃不收纳腐熟，致动物出现食欲不振、不食或少食等症状，属脾虚里寒证。

【治则】

燥湿运脾，行气和胃。

【方解】

此方为平胃散，方中苍术燥湿健脾、散寒祛风为主药；厚朴燥湿消痰、消胀下气为辅药；陈皮理气健脾、燥湿化痰为佐药；生姜散寒解表、降逆止呕、化痰止咳，大枣补中益气、养血安神、缓和药性，炙草和中缓急、润肺、解毒、调和诸药。诸药合用共奏开胃健脾之功。

【药物性能与现代研究】

苍术　性味、归经、功效、现代研究见"猪受风寒湿卧症"。

米泔　淘洗食米的水，亦称米泔水。性味甘，凉，无毒。归心、肝、胃经。具有清热凉血、利小便的功效。用于治疗热病烦渴、吐血、衄血、风热目赤。可用于炮制药物，用它吸收药材中的油脂，减弱药物的辛燥气味。

厚朴　性味、归经、功效、现代研究见"猪打摆子"。

陈皮　性味、归经、功效、现代研究见"猪打摆子"。

炙草　性味、归经、功效、现代研究见"猪扯惊风症"。

生姜　性味、归经、功效、现代研究见"猪扯惊风症"。

大枣　性味、归经、功效、现代研究见"猪扯惊风症"。

【用法用量】

将处方量苍术、厚朴、陈皮、炙草、生姜、大枣一起煎煮，候温饲喂。

猪阴症脱肛青白色

【原文】

猪阴症脱肛青白色

治法　西砂仁、白龙骨、大诃子，三味为末，米汤调下，不愈再服。

【词解】

青白色：本病例属阴证。阴证，谓阴寒之证也。阳气不足，虚寒，故息短口鼻气冷也。阴淫于外，故口色青白，四肢厥冷爪甲青。阴邪入内，故呕吐，下痢清谷，小便清白。

【病因病机】

多由畜体素虚或中气不足、脾气虚发展而来，或因过食冰冻草料、暴饮冷水，损伤脾阳，致脾气亏虚，运化无力，则食欲不振，脾气不升而下陷，无以摄纳，故见直肠脱出，肛门坠胀；中气不足，则疲乏无力，阳虚则寒，脾阳虚，形寒怕冷，耳鼻四肢不温，肠鸣腹痛，泄泻清稀色白，口色青白，口腔滑利，脉象沉迟。属里虚寒证。

【治则】

温中固脱，升阳举陷。

【方解】

西砂仁化湿行气、温中止泻为主药；白龙骨敛汗固精、止血涩肠为辅药；大诃子涩肠止泻为佐药；米汤滋阴长力为使药。诸药合用共奏温中固脱、升阳举陷之功。

【药物性能与现代研究】

西砂仁 即砂仁，为姜科植物阳春砂、绿壳砂或海南砂的干燥成熟果实。性味辛，温。归脾、胃经。为化湿和中醒脾要药，有化湿行气、行气安胎、温中止泻、温肾下气的功效。主治腹痛痞胀、胃呆食滞、噎膈呕吐、寒泻冷痢、妊娠胎动。现代研究表明，本品含挥发油、桉叶素、皂苷等。具有保护胃黏膜、改善胃肠机能、促进消化液分泌、止痛、止泻、抑菌、消炎等作用。

白龙骨 又叫龙骨，为古代大型哺乳类动物如象类、三趾马类、犀类、鹿类、牛类等的骨骼化石。性味甘、涩、平。归心、肝、肾、大肠经。具有镇惊安神、敛汗固精、止血涩肠、生肌敛疮的功效。主治惊痫癫狂、怔忡健忘、失眠多梦、自汗盗汗、遗精淋浊、吐衄便血、崩漏带下、泻痢脱肛、溃疡久不收口。现代研究表明，本品主要含有碳酸钙、磷酸钙，尚含铁、钾、钠、氯、硫酸根等。具有促进血液凝固、降低血管壁通透性及抑制骨骼肌兴奋作用。但是龙骨属于很难再生的资源，可以用磁石（具有镇静安神、平肝潜阳的功效）、牡蛎（具有固涩收敛的功效）代替。

大诃子 即诃子，为使君子科植物诃子或绒毛诃子的干燥成熟

果实。性味苦、酸、涩，温。归肺和大肠经。具有涩肠止泻、敛肺止咳、降火利咽的功效。常用于治疗久泻久痢、便血脱肛、肺虚喘咳、久嗽不止、咽痛音哑。现代研究表明，本品含鞣质、莽草酸、奎宁酸、氨基酸、番泻苷、诃子素等。具有抗氧化、抗糖尿病、抗病原微生物、抗炎、镇痛、抗肿瘤、治疗阿尔茨海默症及镇咳等多种药理作用。

米汤　性味、归经、功效、现代研究见"猪烂心肺症"。

【用法用量】

西砂仁、白龙骨、大诃子适量，粉碎为末，用米汤调后喂服。

猪阳症脱肛红肿干燥

【原文】

猪阳症脱肛红肿干燥

治法　赤石脂、黄连末、木贼草，三味为末，米泔水下，服之即安。

【词解】

红肿：由于局部血管扩张及血液过多而引起一部分皮肤发红肿胀。

【病因病机】

因外感湿热或湿热内蕴，湿热困脾，中气不足，气不固摄而脱肛（即直肠脱出肛外，久未还纳），脱出物肿胀、灼热、红肿，湿热蕴结、气血不畅则肛门坠胀疼痛，热伤津液则干燥，舌红、苔黄腻、脉滑数均为湿热之象。属里热湿证。

【治则】

清热燥湿，疏风消肿。

【方解】

黄连末清热燥湿、泻火解毒为主药；木贼草疏风清热、凉血止血为辅药；赤石脂涩肠止血、生肌敛疮，米泔清热凉血、减弱药物的辛燥气味为佐使药。诸药合用共奏清热燥湿、疏风消肿的作用。

【药物性能与现代研究】

赤石脂　为硅酸盐类矿物多水高岭石族中的多水高岭石。性味甘、酸、涩，温。归大肠、胃经。具有涩肠止血、生肌敛疮的功效。用于治疗久泻久痢、大便出血、崩漏带下；外治疮疡久溃不敛，湿疮脓水浸淫。现代研究表明，本品主要成分为水化硅酸铝，尚含相当多的氧化铁等物质。具有吸收消化道内有毒物质及食物异常发酵的产物、保护胃黏膜、止血、抑制血栓形成等作用。

黄连末　性味、归经、功效、现代研究见"猪肠风下血症"。

木贼草　为木贼科植物木贼的干燥全草。性味甘、苦，平，无毒。归肺、肝、胆经。具有疏风清热、凉血止血、明目退翳的功效。主治风热目赤、目生云翳、迎风流泪、肠风下血、痔血、血痢、脱肛等。现代研究表明，本品含二甲砜、香草醛、阿魏酸、咖啡酸、鞣质、山奈酚、葡萄糖苷、皂苷及较大量的硅质。具有收敛、消炎、止血、降压、抑制血小板聚集及释放、镇静、抗惊厥等作用。

米泔　性味、归经、功效见"猪受疫不食症"。

【用法用量】

取适量的赤石脂、黄连、木贼草粉碎为末，用米泔调服。

猪欲避瘟症

【原文】

猪欲避瘟症

治法　以贯众泡食桶内，舀汁出及料食喂，留药在内。千叫千应，万试万灵。

【词解】

避：本义为躲开、回避。在此为预防的意思。

【病因病机】

多由于饲养管理不当，或感受风寒、寒湿内侵，或瘟疫毒邪内侵，疫毒伏于膜原，邪正相争于半表半里，故初起憎寒而后发热。瘟疫病毒，秽浊蕴积于内，气机壅滞，伤脾胃，脾不运化，胃不收纳腐熟，致动物出现食欲不振、不食或少食等症状，疫邪日久，化热入里，故见但热而不憎寒，昼夜发热，脉数等症状。属正虚邪实证。

【治则】

扶正祛邪。

【方解】

贯众性味苦、微寒，能清热解毒、驱虫、凉血止血，以预防瘟疫。

【药物性能与现代研究】

贯众　为鳞毛蕨科植物粗茎鳞毛蕨的根茎及叶柄残基。性味苦，微寒，有小毒。归肝、胃经。具有清热解毒、驱虫、凉血、止血等作用。临床上用于治疗风热感冒、湿热癍疹、吐血、便血、崩漏、血痢、带下及钩虫、蛔虫、绦虫等肠寄生虫病。现代研究表明，本品含绵马素、黄绵马酸、挥发油、绵马鞣质、脂肪、树脂等，对蛔虫、绦虫、牛肝蛭等有驱除作用，对多种细菌（金黄色葡萄球菌、大肠埃希菌、志贺菌、伤寒沙门菌等）、皮肤真菌及病毒（流感病毒、单纯疱疹病毒及艾滋病病毒）均有抑制作用。贯众煎剂及精制后的有效成分对家兔的离体及在体子宫有显著的兴奋作用，收缩增强，张力提高。炒炭后止血作用增强，出血时间和凝血时间比生品明显缩短。贯众有效组分对实验性肝损伤有恢复作用。紫萁中富含的多糖具有抗菌消炎、护肤、促进损伤细胞修复、抗溃疡等生物活性和多种营养保健功能。

【用法用量】

以适量贯众泡于食桶内，舀汁拌料饲喂。

猪 尿 血 症

【原文】

　　猪尿血症

　　治法　宣木通、灯心草、小瞿麦、车前子、生栀子、生大黄、小蓄、甘草梢。熬灌下愈。

【词解】

　　尿血：指尿液中混有血液或夹杂血块。尿血与血淋相似而有别，若小便时不痛者为尿血，而小便时点滴涩痛、痛苦难忍者即为血淋。

　　尿血症：多因热扰血分，热蓄肾与膀胱，损伤脉络，致营血妄行，血从尿出而致尿血。发病部位在肾和膀胱，但与心、小肠、肝、脾有密切联系，并有虚实之别。常见的有心火亢盛、膀胱湿热、肝胆湿热、肾虚火旺、脾肾两亏等症。

【病因病机】

　　多由于暑热炎天，长途运输，饮水不足，圈舍闷热，通风不良等，热邪内侵，热伤心经，致烦躁、躁动不安，传注小肠，小肠热积，移热膀胱，水热互结，致营血妄行，损伤络脉，血液外溢，随尿而出。根据本病例所用清热利尿药物推断为膀胱蓄水化热证。

【治则】

清热除烦，利尿止血。

【方解】

宣木通利尿通淋、清心除烦，小瞿麦清热利水、破血通经，车前子清热利水，小萹蓄利尿通淋、清热解毒、化湿为主药；生栀子泻火除烦、清热利湿、凉血解毒，灯心草清心火、利小便为辅药；生大黄攻积滞、清湿热、泻火凉血、祛瘀解毒、泻下通便为佐药；甘草梢清热解毒、祛痰止咳、缓急止痛、调和诸药为使药。诸药合用共奏清热除烦、利尿止血之功。

【药物性能与现代研究】

宣木通　为木通科植物白木通或三叶木通、木通的干燥藤茎。性味苦，寒。归心、小肠、膀胱经。有利尿通淋，清心除烦、通经下乳的功效。用于治疗淋证、水肿、心烦尿赤、口舌生疮、经闭乳少、湿热痹痛。现代研究表明，本品含白桦脂醇、齐墩果酸、常春藤皂苷元、木通皂苷；此外，尚含豆甾醇、β-谷甾醇、胡萝卜苷、肌醇、蔗糖及钾盐。具有利尿、抑制中枢、解热、镇痛、抗炎、兴奋肠道平滑肌、缓泻、抗血栓、解附子毒等作用。

灯心草　为灯心草科植物灯心草的干燥茎髓。性味甘、淡，微寒。归心、肺、小肠经。具有清心火、利小便的功效。用于治疗心烦失眠、尿少涩痛、口舌生疮。现代研究表明，本品含纤维、脂肪油、蛋白质、多糖类等成分。具有抗氧化、抗微生物、利尿、止血等作用。

小瞿麦　即瞿麦，为石竹科植物瞿麦或石竹的干燥地上部分。

性味苦，寒。归心、肾、小肠、膀胱经。具有清热利水、破血通经的功效。治小便不通、淋病、水肿、经闭、痈肿、目赤障翳、浸淫疮毒。现代研究表明，本品含瞿麦皂苷、黄酮类化合物、少量钾盐及生物碱等。具有利尿、兴奋肠管、降血压、抗菌、抗血吸虫及抗癌等作用。

车前子　为车前科植物车前或平车前的干燥成熟种子。性味甘，寒。归肾、膀胱经。具有清热利水、明目、祛痰的功效。治小便不通、淋浊、带下、尿血、暑湿泻痢、咳嗽多痰、湿痹、目赤障翳。现代研究表明，车前子含月桃叶珊瑚苷、车前黏多糖A、消旋车前子苷、车前子酸、琥珀酸、脂肪油、β-谷甾醇等。具有利尿排石、保护胃肠道、抗病原微生物、祛痰镇咳、中枢抑制等作用，小剂量可以减慢心率、升高血压，大剂量则致心脏停搏，血压下降。

生栀子　性味、归经、功效、现代研究见"猪黄膘症"。

生大黄　性味、归经、功效、现代研究见"猪风火便结"。

小萹蓄　即萹蓄，为蓼科植物萹蓄的干燥地上部分。性味苦，凉。归膀胱、大肠、肝经。具有利尿通淋、清热解毒、化湿杀虫的功效。主治热淋、石淋、黄疸、痢疾、恶疮疥癣、外阴湿痒、蛔虫病。现代研究表明，本品含槲皮素、槲皮素-3-阿拉伯糖苷，还含有齐墩果酸、白桦脂酸、表无羁萜醇和β-谷甾醇等。具有利尿、降血压、利胆、加速血凝、增大子宫张力、止血、收敛及抑制真菌等作用。

甘草梢　性味、归经、功效、现代研究见"猪风火便结"。

【用法用量】

根据动物体重大小，将适量的宣木通、灯心草、小瞿麦、车前子、生栀子、生大黄、小萹蓄和甘草梢一起煎熬，灌服。

猪生子不快胞衣不下

【原文】

猪生子不快胞衣不下

治法　白蜜糖一杯、小麻油二杯，煎喂即下。又方：乌梅肉煅末，以热酒调灌，一时即安。

【词解】

生子不快：即产子缓慢或产力不足而致难产。

胞衣不下：是指母畜分娩后胎衣不能应时而下之证，多由分娩后元气大虚而无力排出胞衣，或产时感受外寒而气血凝滞所致，大多伴有出血症状。

【病因病机】

由于猪生子伤元气，耗津液，或体质素虚，或饮喂失调，致营养不良，体质虚弱，元气不足，气血两虚，无力产子。或分娩时产程过长，用力过度，致产后阵缩和子宫复旧无力，不能将胎衣排出。或由于产时外感寒邪，致气血凝滞，胎衣不能应时而下。属气血亏虚证。

【治则】

补中益气，下胎衣。

【方解】

方一中白蜜糖补中润燥、益气和营卫、润脏腑、通三焦、调脾胃、缓急止痛为主药；小麻油清热、润肠、通便、滋阴、补肝肾、滑利大小肠为辅药。二药合用，可补气、润滑产道、通利大小肠、促进胎儿生产和胎衣排出。

方二中乌梅肉煅末敛肺涩肠、消肿解毒为主药；热酒通血脉、御寒气、行药势为辅药。二药合用扶正气、下胎衣。

【药物性能与现代研究】

蜜糖　即蜂蜜，性味、归经、功效、现代研究见"猪大便结"。

小麻油　即麻油，性味、归经、功效、现代研究见"猪大便结"条。

乌梅　为蔷薇科植物梅的未成熟果实经炕焙而成。性味酸、涩，平。归肝、脾、大肠经。具有敛肺涩肠、生津安蛔的功效。用于治疗肺虚久咳、虚热烦渴、久疟、久泻、痢疾、便血、尿血、血崩、蛔厥腹痛、呕吐、钩虫病。现代研究表明，本品含柠檬酸、苹果酸、琥珀酸、苯甲酸、齐墩果酸、谷甾醇、苦杏仁苷等。具有促胆囊收缩和胆汁分泌、杀虫、抑菌、收敛、消炎、增强免疫功能等作用。

酒　由米、麦、黍、高粱等和曲酿制而成。性味甘、苦、辛，温，有毒。入心、肝、肺、胃经。具有通血脉、御寒气、行药势等功效。用于治疗痹证、经脉不利、肢体疼痛、拘挛、胸痹、胸阳不宣等。现代研究表明，本品主含乙醇，尚含高级醇类、脂肪酸类、酯类、醛类、挥发酸和不挥发酸等。具有加快新陈代谢、扩张血管、促进血液循环等作用。酒行药势的作用机理与促进血液循环有关，促进药物到达药力不易达到的部位。

【用法用量】

白蜜糖一杯，小麻油二杯，煎水灌喂。或用乌梅肉煅成末，以热酒调后灌服。

母 猪 少 奶

【原文】

母猪少奶

治法 奶浆菜多采，淘净切碎烂，米浆水调喂，服之自安然。最验。

【词解】

少奶：指乳汁分泌过少。

【病因病机】

多由于饲养管理不当，饲料、饮水不足，或是矿物质缺乏，致饥伤肌，饱伤脏，元气虚弱，不能将水谷精微气化为血与乳汁；或因惊恐，环境及饲料突然改变，过度兴奋，产房温度过低等，致经脉壅滞，气血不通，不能将水谷精微气化为乳汁，均可引起乳汁减少。本证用清热解毒、消肿散结及催乳药物治疗，故为热毒所致少奶。

【治则】

清热解毒，凉血消肿。

【方解】

奶浆菜苦、甘、寒,清热解毒、消肿散结、通乳、催乳为主药;米浆补血益气、健脾养胃、润肠通便为辅药。二药共奏清热解毒、健脾补气、通乳、催乳作用。

【药物性能与现代研究】

奶浆菜　查《中药大辞典》及云南、贵州两省本草书籍,虽有其名但在该地区不多见,且功效有差异。在宣威、水城民间称蒲公英为"奶浆菜"。蒲公英为菊科植物蒲公英、碱地蒲公英或同属数种植物的干燥全草。性味苦,寒。归脾、胃、心、肺、肝经。有清热解毒、消肿散结及催乳作用,治疗乳腺炎十分有效。现代研究表明,蒲公英全草含蒲公英甾醇、胆碱、菊糖和果胶等。具有抗炎、抗氧化、抗癌、抗高血糖、抗血栓形成、抗细菌、抗真菌、抗病毒、抗胃损伤、利胆保肝等作用。

米浆　由米制作而成的液体。有补血益气、健脾养胃、润肠通便的功效。

【用法用量】

适量奶浆菜,淘洗干净后切碎,用米浆调喂。

猪受滚食伤生血凸

【原文】

猪受滚食伤生血凸

治法　大生地、寸麦冬、粉甘草、金石斛、枯黄芩、小茵陈、枳壳、茯苓、犀角、桃仁、红花，童便下。

【词解】

滚食伤：滚本意为翻滚、沸腾，滚食指滚烫的食物。滚食伤即因滚烫的食物、饲料造成的烫伤。

生血凸：即局部发生肿胀、红肿。

【病因病机】

因滚烫的食物、饲料导致的烫伤。轻浅者一般不影响内脏功能，仅在局部呈现红肿；重者损害面积大而深，热毒炽甚者，致胃肠里热、津液和胃气虚损、瘀血、出血，甚则热毒内攻，出现口渴、发热、神昏、便秘、小便不利等症。属热证。

【治则】

清热解毒、养阴凉血、止痛。

【方解】

大生地清热凉血、养阴生津，寸麦冬养阴清热、生津润肺为主药；金石斛益胃生津、滋阴清热，枯黄芩清热泻火、燥湿解毒、止血，小茵陈清热利湿、退黄，犀角（用水牛角）清热凉血、定惊解毒为辅药；枳壳理气宽中、行滞消胀，茯苓利水渗湿、健脾宁心，桃仁活血祛瘀、润肠通便，红花活血通经、去瘀止痛为佐药。粉甘草补脾益气、清热解毒、祛痰止咳、缓急止痛、调和诸药，童便滋阴降火、凉血散瘀为使药。诸药合用共奏清热解毒、养阴凉血止痛之功。

【药物性能与现代研究】

大生地　即生地黄，性味、归经、功效、现代研究见"猪风火便结"。

寸麦冬　即麦冬，性味、归经、功效、现代研究见"猪风火便结"。

粉甘草　即甘草，性味、归经、功效、现代研究见"猪风火便结"。

金石斛　是兰科植物金钗石斛的茎。性味甘、淡、微咸，寒。归胃、肾、肺经。具有益胃生津、滋阴清热的功效。用于治疗阴伤津亏、口干烦渴、食少干呕、病后虚热、目暗不明。现代研究表明，石斛含有石斛碱、多糖、氨基酸和微量元素等。具有增强免疫功能、抑制幽门螺杆菌、助消化、降血胆固醇、降血脂、调节血糖、抗氧化、抗疲劳、抗肿瘤、解热等作用。

枯黄芩　即枯芩，性味、归经、功效、现代研究见"猪扯惊风症"。

小茵陈 即茵陈，性味、归经、功效、现代研究见"猪黄膘症"。

枳壳 为芸香科植物酸橙及其栽培变种的干燥未成熟果壳。性味苦、辛、酸，温。入脾、胃经。具有理气宽中、行滞消胀的功效。主治胸胁气滞、胀满疼痛、食积不化、痰饮内停、胃下垂、脱肛、子宫脱垂等病症。现代研究表明，本品含有挥发油类、生物碱类、黄酮类、香豆素类、微量元素等。具有双向调节胃肠平滑肌机能、抗肿瘤、免疫调节、预防动脉粥样硬化、抑制血栓形成、抗菌、降血脂、保护心脏、改善心肌病变、抑制血管炎症等作用。

茯苓 性味、归经、功效、现代研究见"猪病疟症"。

犀角 指野生珍稀保护动物犀牛的角，国家已明令禁止使用，可用10倍量的水牛角代替。水牛角，性味、苦、咸，寒。归心、肝经。具有清热凉血、定惊解毒的功效。用于治疗温病高热、神昏谵语、发斑发疹、吐血衄血、惊风、癫狂。现代研究表明，本品含蛋白质、肽类、游离氨基酸、胍衍生物、甾醇类及无机盐等。具有解热、强心、镇静、抗惊厥、抗炎、降血脂等作用，还可增加血小板、缩短凝血时间。

桃仁 为蔷薇科植物桃或山桃的干燥成熟种子。性味苦、甘，平。归心、肝、大肠经。具有活血祛瘀、润肠通便、止咳平喘的功效。用于治疗经闭痛经、症瘕痞块、肺痈肠痈、跌扑损伤、肠燥便秘、咳嗽气喘。现代研究表明，本品含苦杏仁苷、苦杏仁酶、脂肪油及挥发油等。具有抗炎、扩张血管、抑制血液凝固、抗过敏、镇咳、镇痛、促进子宫收缩、止血等作用。

红花 为菊科植物红花的干燥花。性味辛，温。归心、肝经。具有活血通经、去瘀止痛的功效。治经闭、症瘕、难产、死胎、产后恶露不行、瘀血作痛、痈肿、跌扑损伤等。现代研究表明。红花含红花苷、新红花苷、红花醌苷、红花黄色素、红花油、红花多糖、芦丁、槲皮素、棕榈酸等。具有兴奋子宫及肠管、降血压、改善冠脉循环、降低心肌耗氧量、抗炎等作用。

　　童便　性味、归经、功效、现代研究见"猪尿黄将结症"。

【用法用量】

　　根据猪的大小将适量的大生地、寸麦冬、粉甘草、金石斛、枯黄芩、小茵陈、枳壳、茯苓、犀角（水牛角替代）、桃仁、红花等药物煎煮后，和童便一起喂下。

猪被汤火烧皮破

【原文】

猪被汤火烧皮破

治法　可用猪苦胆，搽之自安然。退凉又清火，仙方试之灵。

【词解】

汤火烧皮破：指猪的皮肤被滚水烫伤或烈火烧灼。

【病因病机】

因温度过高，引起的猪皮局部损伤，且热毒入侵，气血瘀滞，轻者出现热、肿、痛；重者热毒炽盛，伤及体内阴液，或热毒内攻脏腑，以致脏腑失和，阴阳失调。

【治则】

清热、消肿、收敛。

【方解】

猪苦胆清热、润燥、解毒，外用清热、消肿、收敛。

【药物性能与现代研究】

猪苦胆　指猪的胆汁。性味苦，寒。归肝、胆、肺、大肠经。具有清热、润燥、解毒的功效。主治热病燥渴、大便秘结、咳嗽、哮喘、目赤、目翳、泻痢、黄疸、喉痹、痈疽、疔疮、湿疹、痈肿等。现代研究表明，胆汁中主要成分为胆汁酸类、胆色素、黏蛋白、脂类及无机物等。具有镇咳、平喘、消炎、抗过敏、抗休克、抗惊厥、抑菌、增加肠蠕动、促进脂溶性物质吸收、轻泻等作用。

【用法用量】

用猪苦胆，涂搽损伤皮肤。

猪 头 偏 倒

【原文】

猪头偏倒

治法 升麻头、制苍术、苏薄荷，水煎灌。此头黄痛也，人多不知之。

【词解】

头偏倒：意为头偏倒至一侧，是一种症状。

头黄痛：头，即头部；黄，即黄症，是中兽医特有的病名。某些黄症以体表呈局部肿胀、针刺有黄水流出为特征，是家畜气壮迫血旺行、血离经络、积郁肤腠、化为黄水的一类疾病。头黄痛，即因风热、湿热等外感热毒进入机体，热毒壅盛于头部，出现发热疼痛之症。

【病因病机】

因感受风、寒、湿、热等，侵袭经络，上犯于头，清阳之气受阻而发生头痛。六淫之中以风邪为主，所谓"伤于风者，上先受之。"《医林绳墨·头痛》："上攻头目，或连齿鼻不定而作痛者，此为风热之头痛也。"

【治法】

疏风解表，解热毒。

【方解】

升麻头　发表透疹、清热解毒、升举阳气为主药；制苍术燥湿健脾、散寒祛风，苏薄荷宣散风热、清头目、透疹为辅药。诸药合用共奏解表、疏风解热之功。

【药物性能与现代研究】

升麻头　即高品质的升麻根。性味、归经、功效、现代研究见"猪时行感冒"。

制苍术　性味、归经、功效、现代研究见"猪受风寒湿卧症"。

苏薄荷　为唇形科植物薄荷的干燥茎叶。性味辛，凉。归肺、肝经。具有宣散风热、清头目、透疹的功效。主治流行性感冒、头疼、目赤、身热、咽喉、牙床肿痛等症。外用可治神经痛、皮肤瘙痒、皮疹和湿疹等。现代研究表明，薄荷茎叶含挥发油，其主要成分为薄荷醇、薄荷酮，另含乙酸薄荷酯、莰烯、柠檬烯、异薄荷酮等。具有消炎镇痛、抗早孕、抗氧化、促进透皮吸收、祛痰、促渗透、止痒、发汗解热、镇静、保肝、利胆、止咳、止痒等作用。

【用法用量】

根据猪的大小将适量的升麻头、制苍术和苏薄荷用水煎煮后，候温灌服。

猪热狂张口出气

【原文】

猪热狂张口出气

治法　雅黄连、生栀子、枯黄芩、黄柏皮、辰砂末，猪心血调灌下。

【词解】

狂：本义指狗发疯，后亦指人或动物精神失常，狂躁不安。

张口出气：指由于天热或者发热等原因，机体内热，呼吸不畅，口张开呼吸。

【病因病机】

多由于热邪内侵，伤于心经，或机体胃肠热盛，津液损耗，热上冲心，心热壅积，心主神，热盛心烦，故出现烦躁不安，热上冲于脑，则出现惊惕不安、发狂。心热过旺灼伤金，传于肺，出现肺热喘粗，甚至张口呼吸。属于里热证。

【治则】

清三焦热盛。

【方解】

此为黄连解毒汤加味，方中雅黄连清热泻火、燥湿解毒，生栀子泻火除烦、清热利湿、凉血解毒、清泻三焦为主药；枯黄芩清热泻火、燥湿解毒、止血，黄柏皮清热燥湿、泻火除蒸、解毒疗疮为辅药；辰砂末清心镇惊、安神解毒为佐药；猪心血补心为使药。诸药合用共奏清三焦热盛之功。

【药物性能与现代研究】

雅黄连　指四川洪雅所产的黄连，性味、归经、功效、现代研究见"猪肠风下血症"。

生栀子　性味、归经、功效、现代研究见"猪黄膘症"。

枯黄芩　即枯芩，性味、归经、功效、现代研究见"猪扯惊风症"。

黄柏皮　为芸香科植物黄皮树或黄檗的干燥树皮。性味苦，寒。归肾、膀胱经。有清热燥湿、泻火除蒸、解毒疗疮的功效。用于治疗湿热泻痢、黄疸、带下、热淋、脚气、骨蒸劳热、盗汗、遗精、疮疡肿毒、湿疹瘙痒。盐黄柏滋阴降火，用于治疗阴虚火旺、盗汗骨蒸。现代研究表明，本品含小檗碱、药根碱、木兰花碱、黄柏碱、N-甲基大麦芽碱、掌叶防己碱、蝙蝠葛碱等生物碱；另含黄柏酮、黄柏内酯、白鲜交酯、黄柏酮酸、7-脱氢豆甾醇、β-谷甾醇、菜油甾醇。具有降血糖、降血压、抗菌抗炎、解热、抗心律失常等作用。

辰砂　性味、归经、功效、现代研究见"猪肿心子症"。

猪心血　性味、归经、功效、现代研究见"猪肿心子症"。

【用法用量】

将黄连、生栀子、枯黄芩、黄柏皮、辰砂等共研成粉末，与猪心血调和后灌下。

猪发晕忽然昏倒

【原文】

猪发晕忽然昏倒

治法　广皮、半夏、茯苓、川芎、枯芩、白芷、北细辛、南星、防风、羌活、甘草、生姜，水酒煎灌。

【词解】

发晕：即昏厥、晕厥，失去知觉。

忽然昏倒：指突然发生的短暂意识丧失。

【病因病机】

厥证的病机主要是气机突然逆乱，升降乖戾，气血阴阳不相顺接。正如《景岳全书·厥逆》所说："厥者尽也，逆者乱也，即气血败乱之谓也。"所谓气机逆乱是指气上逆而不顺。情志变动，最易影响气机运行，轻则气郁，重则气逆，逆而不顺则气厥。升降失调是指气机逆乱的病理变化，气的升降出入，是气运动的基本形式。多由于各种原因引起痰湿瘀滞，痰随气升，痰盛上逆，闭阻清窍，引致肢体厥冷，甚则昏厥。昏厥有气厥、血厥、暑厥、痰厥、食厥，治则分别采用顺气开郁、活血顺气、清暑开窍、益气生津、行气豁痰、和中消导。本病所用药物为祛风解表、化痰行气之品，故推测为痰厥。

【治法】

化痰醒神，祛风解表。

【方解】

方中半夏燥湿化痰、降逆止呕、消痞散结，北细辛祛风散寒、行水开窍，南星散风祛痰、镇惊止痛为主药；茯苓利水渗湿、健脾宁心，广皮理气健脾、燥湿化痰，川芎活血行气、祛风止痛为辅药；枯芩清热泻火、燥湿解毒，白芷祛风燥湿、消肿止痛，防风发表祛风、渗湿止痛，羌活散表寒、祛风湿，生姜散寒解表、降逆止呕、化痰止咳为佐药；甘草补脾益气、清热解毒、祛痰止咳、缓急止痛、调和诸药为使药。诸药合用共奏化痰醒神、祛风解表之功。

【药物性能与现代研究】

广皮　即广陈皮，性味、归经、功效、现代研究见"猪打摆子"。

半夏　性味、归经、功效、现代研究见"猪病疟症"。

茯苓　性味、归经、功效、现代研究见"猪病疟症"。

川芎　性味、归经、功效、现代研究见"猪扯惊风症"。

枯芩　性味、归经、功效、现代研究见"猪扯惊风症"。

白芷　性味、归经、功效、现代研究见"猪受风寒湿卧症"。

北细辛　性味、归经、功效、现代研究见"猪受风寒湿卧症"。

南星　为天南星科植物天南星、异叶天南星或东北天南星的干燥块茎，又称天南星。性味苦、辛，温，有毒。归肺、肝、脾经。

具有散风、祛痰、镇惊、止痛的功效。可治中风麻痹、手足痉挛、头痛眩晕、惊风痰盛等病症。但直接从植物上摘取的种子和地下球茎不可服用，误服后严重者会导致死亡。现代研究表明，本品含生物碱、三萜皂苷、苯甲酸、氨基酸及右旋甘露醇等。具有镇静、抗惊厥、镇痛、祛痰和抗菌等作用。

　　防风　性味、归经、功效、现代研究见"猪扯惊风症"。

　　羌活　性味、归经、功效、现代研究见"猪受风寒湿卧症"。

　　甘草　性味、归经、功效、现代研究见"猪风火便结"。

　　生姜　性味、归经、功效、现代研究见"猪扯惊风症"。

【用法用量】

　　根据猪的大小，取适量广皮、半夏、茯苓、川芎、枯芩、白芷、北细辛、南星、防风、羌活、甘草、生姜，水酒煎灌。

猪食毒昏倒作难

【原文】

猪食毒昏倒作难

治法　以黄泥浆搅水灌之。又方：以生桐油灌之即吐。

【词解】

食毒：误食有毒饲料、饲草。

昏倒：即失去意识而瘫倒。

作难：不是症状，此处指猪食物中毒后，人们焦虑作难的意思。

吐：本义为东西从口中出来，此处指呕吐。

【病因病机】

猪误食有毒饲料、饲草，毒邪入里，伤于脾胃，呕吐作难，毒邪入血，伤心血，心主神，心神伤则神明混乱，表现烦躁不安，重则猪起卧困难，行走踉跄（共济失调），昏倒扑地，不能走动。

【治则】

清热、排毒。

【方解】

黄泥浆为土，取土生万物、土藏万物之意，吸附毒素使其排出，清热解毒、和中，达到解毒目的。生桐油内服一方面具有催吐的功效，另一方面可以润肠通便，促进毒素排出，达到解毒目的。

【药物性能与现代研究】

黄泥（黄土）　入地三尺以下的黄土，勿沾污物，可作药。制黄泥浆法："掘黄土地作坎，深三尺，以新汲水沃入搅浊，少顷取清用之，故曰地浆，亦曰土浆。"性味甘，温，无毒。归脾、胃经。具有清热、解毒、和中之效。用于治疗中暑烦渴、伤食吐泻、脘腹胀痛、痢疾、食物中毒。现代研究表明，黄土的化学成分以 SiO_2、Al_2O_3 和 CaO 为主，其他较重要的化学成分还有 Fe_2O_3、MgO，有机质组分约占黄土化学成分总量的 1% 左右。

生桐油　为大戟科植物油桐的种子榨出的油。性味甘、辛，寒，有毒。具有涌吐痰涎、清热解毒、收湿杀虫、润肤生肌的功效。主治喉痹、痈疡、疥癣、臁疮、烫伤、冻疮、皲裂。现代研究表明，桐油含 α-桐酸、三油精、硬脂酸、棕榈酸、维生素 E 及角鲨烯，又含植物甾醇、戊聚糖及几种蛋白质。具有催吐、润肠通便，刺激肠胃，促进肠道蠕动而泻下，加速毒物的排泄等作用。

【用法用量】

取干净黄泥，兑水搅浆，取滤液灌服；或者以生桐油灌服，即呕吐排毒。

猪喉闭不能张声

【原文】

猪喉闭不能张声

治法　靛青花、苏薄荷，二味共研成饼，塞猪口内，以待药自慢慢化下，或加白蜜亦可。

【词解】

喉闭：病证名。①指咽喉肿起、喉道闭阻的病证。多由肝肺火盛，复感风寒或过食膏粱厚味而成。治宜疏散外邪，消肿解毒，方用普济消毒饮。脓成时可刺破排脓，外吹冰硼散，或刺少商、合谷穴出血。②喉痹的别称。本病类似现在所说的咽后壁脓肿、扁桃体周围脓肿等。③飞蛾喉的别称。

不能张声：即无法发出声音。

【病因病机】

多由于外感风热毒邪、瘟疫或体内先已伏郁邪热，热毒邪壅闭于咽喉，咽喉肿痛、嘶哑不能发声，吞咽食物困难，严重时，呼吸道及咽喉部组织发炎肿大阻塞气道而致张口呼吸，甚至窒息死亡。属于热毒证。

【治则】

清热解毒，清利咽喉。

【方解】

靛青花清热解毒、凉血消斑、泻火定惊为主药；苏薄荷宣散风热、清头目、透疹消肿为辅药；白蜜补中润燥、止痛解毒为佐使药。诸药合用共奏清热祛邪、清利咽喉之功。

【药物性能与现代研究】

靛青花　即青黛，为爵床科植物马蓝、蓼科植物蓼蓝、十字花科植物菘蓝的叶或茎叶经加工制得的干燥粉末、团块或颗粒。性味咸，寒。归肝经。具清热解毒、凉血消斑、泻火定惊等作用。主要用于治疗温病热盛、斑疹、吐血、咯血、咽痛口疮、小儿惊痫、疮肿、丹毒、蛇虫咬伤等。具有广谱抑菌、提高单核巨噬细胞吞噬能力、减轻肝损伤、抗炎、镇痛等作用。

苏薄荷　性味、归经、功效、现代研究见"猪头偏倒"。

白蜜　又名蜂蜜、蜜糖，性味、归经、功效、现代研究见"猪大便结"。

【用法用量】

将适量靛青花、苏薄荷，共研成饼，塞猪口内，以待药自行慢慢化下，或加白蜜亦可。

猪生肿毒症

猪生肿毒症

治法　苏薄荷、野菊花、猪苓末、土贝母、茅草根，共捣如泥，熬灌，渣包。

【词解】

生：意为产生、发生。

肿毒症：指体表局部骤然发生红肿的一种证候，或痛或痒，严重者焮赤肿硬，患部附近的淋巴结肿大。可因内有郁热，或感受外邪风毒而发。

【病因病机】

多由于外感风热，或肺胃内热熏蒸而成，火热毒邪入于气血，壅郁于肌腠，致机体组织淤滞肿胀。局部机体组织灼热红肿、硬而痛，或软而按之波动、无热少痛，此为局部皮肤肌肉组织感染致病菌后发生的炎症反应。

【治则】

清热解毒，消肿散结。

【方解】

野菊花疏散风热、消肿解毒为主药；苏薄荷宣散风热、清头目、透疹，土贝母散结、消肿、解毒为辅药；猪苓利水渗湿，茅草根凉血止血、清热利尿、引热从尿液排出为佐使药。诸药合用共奏清热解毒、消肿散结之功。

【药物性能与现代研究】

苏薄荷　性味、归经、功效、现代研究见"猪头偏倒"。

野菊花　为菊科植物野菊的头状花序。性味甘、苦，微寒。归肺、肝经。具有散风清热、平肝明目的功效。用于治疗风热感冒、头痛眩晕、目赤肿痛、眼目昏花。现代研究表明，野菊花的主要成分为挥发油、黄酮类及氨基酸、微量元素等。具有扩张冠状动脉、降低血压、预防高血脂、抗菌、抗病毒、抗炎、抗衰老等多种生理活性。

猪苓　性味、归经、功效、现代研究见"猪尿黄将结症"。

土贝母　为葫芦科植物土贝母的干燥块茎。性味苦，微寒。归肺、脾经。具有散结、消肿、解毒的功效。用于治疗乳痈、瘰疬痰核、疮疡肿毒及蛇虫毒。现代研究表明，本品含有皂苷类、有机酸类、甾醇类、生物碱类等化学成分。具有抗病毒、抗癌、抑制免疫、杀精等作用。

茅草根　即白茅根，为禾本科植物白茅的干燥根茎。性味甘，寒。归肺、胃、膀胱经。具有凉血止血、清热利尿的功效。用于治疗血热吐血、衄血、尿血、热病烦渴、黄疸、水肿尿少、热淋涩痛。现代研究表明，白茅根的主要化学成分是糖类，主要为多糖、葡萄糖、果糖、蔗糖、木糖等，另含芦竹素、白茅素、棕榈酸、草酸、苹果酸、柠檬酸、谷甾醇、油菜甾醇、豆甾醇、白头翁素和薏苡素等。具有止血、免疫调节、利尿降压、抑菌、抗炎镇痛、抗肿瘤、降血糖、降血脂、减少羟自由基、抗氧化、改善肾功能等作用。

【用法用量】

将适量的苏薄荷、野菊花、猪苓末、土贝母、茅草根，共捣成泥，煎熬过滤，药液灌服，药渣包覆于患处。

猪 瘟 仙 方

【原文】

　　猪瘟仙方

　　治法　北细辛、牙皂、生川乌、草乌、雄黄、狗天灵盖烧，灭为末吹鼻。

【词解】

　　猪瘟：即猪瘟疫，是指具有一定传染性、流行性的发热性疾病的总称，而非现代医学所指猪瘟病毒引起的急性传染病。

　　仙方：即良方。

【病因病机】

　　多由外感温热毒邪、时疫之邪引起，邪气从口鼻内侵入里，疫毒伏于膜原，邪正相争于半表半里，故初起憎寒而后发热；瘟疫病毒，秽浊蕴积于内，气机壅滞，故见呕恶、苔白等症状；疫邪日久，化热入里，故见但热而不憎寒、昼夜发热、脉数等症状。时疫毒邪传变迅速，在疾病发展过程中化燥伤阴，是不同温热病毒所引起的多种急性热病，其临床特征为急、速、长，初见热象偏盛、易化燥伤阴，故有"温邪上受、首先犯肺、逆传心包""温邪则热变最速"之说，其治疗方法古人总结出卫气营血和三焦辨证施治的理论，温病初起病邪在卫，亦在上焦。温病初期已过，从方药看，本证为猪瘟后期，阳气欲脱之证。

【治法】

祛风解表，温中散寒，回阳救逆。

【方解】

北细辛祛风散寒、行水开窍、祛痰，大辛纯阳，是药中猛悍之品，为主药；牙皂辛窜行散温通、祛痰止咳、开窍通闭为辅药；生川乌祛风除湿、温经止痛，草乌祛风除湿、散寒止痛、散结消肿，雄黄解毒杀虫、燥湿祛痰、截疟为佐药；狗天灵补虚壮阳为使药。诸药合用共奏祛风解表，温中散寒，回阳救逆之功。

【药物性能与现代研究】

北细辛　性味、归经、功效、现代研究见"猪发瘟症"。

牙皂　性味、归经、功效、现代研究见"猪发瘟症"。

生川乌　为毛茛科植物乌头（栽培品）的块根。性味辛，热，有大毒。归心、脾经。具有祛风除湿、温经止痛的功效。用于治疗风寒湿痹、关节疼痛、心腹冷痛、寒疝作痛、麻醉止痛。现代研究表明，本品主要含二萜生物碱、乌头碱、新乌头碱、次乌头碱等生物碱，还含有黄酮类、皂苷类、神经酰胺及其他成分。具有抗炎、镇痛、抗肿瘤、免疫调节、降血压等作用。

草乌　为毛茛科植物北乌头的干燥块根。性味辛，热，有大毒。归肝、脾经。具有祛风除湿、散寒止痛、散结消肿的功效。现代研究表明，其主要成分为多种生物碱，其中主要是乌头碱，其水解后生成乌头原碱、醋酸及苯甲酸。北乌头根中还含有北草乌碱，叶中还含肌醇、鞣质、黄酮类、糖类、甾醇类等物质。具有镇痛、解热、抗氧化、抗菌、抗组胺、抗菌免疫调节等作用。

雄黄　性味、归经、功效、现代研究见"猪发瘟症"。

狗天灵盖　为犬科动物狗的头骨。性味甘、酸，平，无毒。具有补虚壮阳的功能。主治久痢、崩中带下、头风目眩、创仿出血、瘘疮。

【用法用量】

根据猪体大小，取适量北细辛、牙皂、生川乌、草乌、雄黄、狗天灵盖，烧成灰，候温，共为末吹鼻。

猪发呕吐症

【原文】

猪发呕吐症

治法　陈皮四两、生姜半斤，二味熬，灌下即愈。

【词解】

呕吐：中医病证名。属于脾系病变，是以胃失和降、气逆于上所致的一种病证，可出现在许多疾病的过程中。临床辨证以虚实为纲。治疗以和胃降逆为原则，但需根据虚实不同分别处理。

【病因病机】

呕吐多因食积停胃，传导失常，胃气不能顺降上逆而吐酸腐者；或肠道阻滞，腹痛、便结，妨碍胃气下行，上逆而吐者；或脾胃同主中焦，职司升降，中焦虚寒，升降失调，吐泻腹痛，兼见舌淡脉迟者；或饮食不洁，邪犯胃肠，气郁化热，津凝成湿，湿热互结，升降失调，吐泻交作，兼见发热、舌红、脉数者。总之家畜机体胃气以降为顺，脾气以升为和。呕吐之症主要是因胃失和降，胃气上逆。本证用温性的陈皮、生姜治疗，推断为中焦虚寒，胃中留饮，升降失调的呕吐。

【治法】

温胃利水，降逆止吐。

【方解】

陈皮理气健脾、燥湿化痰，生姜温中止呕、温肺止咳、解毒，二者合用共奏温胃利水、降逆止吐之功。

【药物性能与现代研究】

陈皮　性味、归经、功效、现代研究见"猪打摆子"。

生姜　性味、归经、功效、现代研究见"猪扯惊风症"。

【用法用量】

陈皮四两，生姜半斤，二味药合熬，候温灌服。

附录 *

遵义市彭藏本《猪经大全》 增补部分

　　近闻目下乡问喂有猪者，时病大作，甚至扫圈者皆有之。惜乎务农之家，猪牛是其工本，一旦遇此，工本折尽，富者至贫，贫者至尽，岂不痛哉。忖度其情，与人无异，非风、寒、暑、湿，不能成病，奈以此不能言，即初受病时，人不能知，待至病深不食之时，主人使医，纵医之也不能及矣。以其病后下方，不若治之未病，余性拙顿，立数方，俟高明者详加鉴阅增减妙方示知，不胜感激。

　　如遇猪初起病时，不论四时寒暑或停槽等事，即用熟尿遍身擦洗，务须越洗越热，至身热方止，两耳必现痧筋，即用针前后放痧，即用喂药，又以通关散为末，吹入鼻窍，取嚏为妙，决不致俟，注有良方列后。

　　通关散方：牙皂一钱，北细辛一钱，生半夏一钱，川芎一钱，白芷一钱，明雄黄一钱，共为极细末。加上寸香更好。用磁瓶收好，临症听用，吹入鼻窍，取嚏为妙。

　　一方：专治瘟疫时症，荆芥、麻黄、大黄、芒硝、栀子、连

　　* 此附录按原文照录，仅做繁简转换和标点修改，其中尚存语意不明或错漏之处，有待进一步考证研究。——编者注

翘、生石膏、黄芩、薄荷、苍术、甘草各等分，嫩竹叶四十张，芦茭根同煎去渣，和漏糖童便喂猪，不吃，即灌之。

一方：治时症大小便结，油秦归重用，羌活、防风、枳实、厚朴根、火麻仁、桃仁、栀子仁、大黄、芒硝、二丑、青木香各等分。莱菔子引。右药煎水去渣，和蜂蜜调喂，或加萝葡汁或梨汁更佳。

一方：治时行瘟疫、大头烂喉等方，荆芥、防风、麻黄、葛根、枳实、黄芩、栀子、连翘、滑石、生石膏、薄荷、郁金、苍术、板蓝根、马勃、大黄、芒硝、山豆根等各等分。加嫩竹叶、芦茭根，用童便同药煎水，去渣和漏糖喂。

一方：无论猪牛时疫，不问何症，即取紫背浮萍一撮，即红浮漂，用水洗净，再用芦茭根、费子草、牛耳大黄、水案板根，用水一半，童便一半，和煎去渣，调漏水喂，如不吃，灌下即效。

一方：如遇猪停槽不食，不问何症，即用烧酒曲子一斤，鱼秋串一把，车前草、费子草、牛耳大黄，共煎水去渣，俟温热，再将曲子末和漏水童便喂猪，如不吃，令人灌下亦可。

一方：治时疫，苍术、槟榔、黄芩、知母、葛根、草果仁、枳实、厚朴根、生石膏、滑石、黑白丑牛各等分。莱菔子引。如遍身发热，加红浮漂、芦茭根、金银花同煎。

一方：如遇猪发寒战，屎尿清白，遍身冷战，此为阴寒夹暑阴症也。当归、藿香、桂枝、杏仁、白芍、防风、北细辛、香薷、猪苓、泽泻、羌活、甘草、炮附片、钩藤、土茯苓，老姜引，此药要炖一根香久，去渣和酒糟喂。

一方：凡有猪牛之家，灶上禁死牛□大□野外飞禽走兽腥膻臭秽之肉，自然瘟疫不至，人物平安。

一方：专治四时感冒、寒暑不正之气，上呕下泻，脚转筋痧，逼暑，逼医人物，无不立效，虽有他症，初用此剂，随服他方，亦不致悮。方用茅山苍术三钱，枳实三钱，麻黄三钱，葛根三钱，猪苓三钱，北细辛一钱，荆芥三钱，羌活三钱，香薷三钱，香附子三钱，楂肉三钱，建曲三钱，泽泻三钱，青木香五钱，胖大海四钱，莱菔子三钱，鱼鳅串引，此方专治风、寒、暑、湿、食郁结积聚。自壬辰年夏季六月，遇黄君德□又□堂，嘱余此方刷送，治之甚多，此方药价甚易，乐施不难。如遇到口苦咽干，喜就冷地者，即于前药内加生石膏五钱、滑石五钱、元参三钱、芦荻根，用水一半、童便一半同煎，连服二服，无不立效。若遇病者虽呕泄转筋、口不干不苦、喜饮热茶、身就热地畏冷者，此为阴症，即将前方加入干姜、附片、桂枝、吴茱萸、丁香、甘草和蜂蜜作丸服。此法自前壬辰年六月起，百不失一。

李德华　李时华敬录

一方：猪病初起之时，烧热不退，四肢冷，不食，若人之伤寒，竞战不已，其方可喂柴胡一两，条芩二两，栀子一两，木通一两，银花五钱，白菊五钱，羌活五钱，防风一两，桑皮二两，蝉蜕二钱，花粉五钱，甘草二两，荆芥穗一撮，车前仁一撮。

一方：猪口流涎珠不收晕倒，羌活，防风，北细辛，黄连，半夏，瓜蒌壳，荆芥，薄荷，苍术，滑石，吴萸子，川牛膝，黄荆油引。

一方：猪周身起泡与疙瘩，青竹标，蛇倒退，青蒿茎，白莲花，吴萸根，大风藤，一枝箭，马蹄香，见风消，活鹿草，九连环，白面香，煎水和绿豆稀饭喂。

一方：身厥冷，四肢收挛，羌活，独活，防风，防己，薏仁，钩藤，淮不通，前胡，木香，吴茱萸，北细辛，甘草，俱照前喂。

一方：肛脱症，用生耆，大升麻，槐花，苦参，枯芩，栀子根，白芨，防己，红枚，石榴皮，共细敷之。

治猪瘟总方火疫症，用枳实一两，油朴五钱，陈皮三钱，半夏三钱，北细辛一钱，生军二两，芒硝一两，淮木通五钱，江蓠二两，栀子一两，连翘五钱，银花一两，石膏一两，葶苈五钱，蝉蜕三钱，大青三钱，郁李仁五钱，甘草三钱，仍和绿豆稀饭喂。

太医院李老师玉生增方敬录

桐梓县杨藏本合川刘双合书店
《增补猪经大全》附方摘要

猪瘟：梓叶饲之宜，常来切碎，入糟粕中，不特治病，而且易长。

猫病：乌药煎水啖，饲养易肥，甘草、胡椒、猪肝，焙干为末，少许拌食喂。

火瘟：甘草、绿豆、黑豆，共捣水取汁灌之。又麻油、靛青汁啖之亦妙之。被疯犬咬，恐传害，水芹捣取汁，麻油和饮喂之。

牛食草不快：砂仁、生姜、食盐、鲫鱼，煎水啖。

水结：大黄、芒硝、蚯蚓等分为末，猪胆汁拌水啖。

草结：皂角、麻仁、芒硝、大黄，或入椂子根皮、蜣螂末啖。

呕咳毛焦：香油、白蜜、猪油，加水酒煮汁啖。

溺（尿）血：干葛、车前、丑牛、滑石共为末，调水啖。

便血：黄芩、枳壳、当归、桃仁，共为末啖。

牛马猪急症吹鼻方：牙皂、细辛、花椒、白芷、朱砂，共为末，吹鼻孔中。又方：牙皂、北细辛、雄黄、肉桂、苍术，共为末吹之。

牛马猪避瘟：枇杷叶、韭菜根、银花、木香、甘草，煎水服。

猪牛烂肠病：草果、藿香、苍术各二两，香附一两、石菖蒲八钱、佛手柑一两、山楂一两、甘松一两、木香一两、冰片三钱、甘草二钱、随手香共为末，牛分四次，猪减半，加麝香一分，冷水灌下。

疯狗咬伤：麻糖根二两、夏枯草五钱、大蛇泡草二钱、铧头草五钱，杂酒炖服，已疯未疯都能好。如病重再服一次。

又方：车前子研末，新汲水，毒自散。

又方：地牯牛七个，同寸香研末，以饭为丸服之。

又方：莪术、三棱、黑丑、白丑、银花各三钱为末，酒服。

又方：归尾、桃仁各二钱，红花、斑蝥、红娘各一钱，赤芍二钱、滑石五分，为末，甜酒服三次。

图书在版编目（CIP）数据

《猪经大全》注解 / 刘娟主编 . —北京 ：中国农
业出版社，2023.9
　　ISBN 978-7-109-31082-7

　　Ⅰ.①猪… 　Ⅱ.①刘… 　Ⅲ.①猪病－防治 　Ⅳ.
①S858.28

中国国家版本馆 CIP 数据核字（2023）第 170835 号

中国农业出版社出版
地址：北京市朝阳区麦子店街 18 号楼
邮编：100125
责任编辑：武旭峰
版式设计：王　晨　　责任校对：吴丽婷
印刷：北京中兴印刷有限公司
版次：2023 年 9 月第 1 版
印次：2023 年 9 月北京第 1 次印刷
发行：新华书店北京发行所
开本：700mm×1000mm　1/16
印张：10.75
字数：130 千字
定价：68.00 元